POCHES ODILE JACOB

LE CERVEAU

DU MÊME AUTEUR
CHEZ ODILE JACOB

La Chimie des sentiments, « Poches Odile Jacob », 2015.

Pr BERNARD SABLONNIÈRE

LE CERVEAU

Les clés de son développement et de sa longévité

Odile Jacob
poches

15, RUE SOUFFLOT, 75005 PARIS

www.odilejacob.fr

ISBN : 978-2-7381-3289-5
ISSN : 1621-0654

À Stéphanie, À Hubert

« Mon cerveau, c'est mon second organe préféré »
Woody Allen

Sommaire

Préface

Comprendre comment 1 300 g de matière, essentiellement de l'eau et de la graisse, permet d'appréhender la réalité du monde est certainement le défi majeur de la biologie du XXIe siècle. C'est à cette tâche véritablement difficile que s'attelle Bernard Sablonnière dans le présent ouvrage. Tâche herculéenne, puisqu'il commence dans son introduction par passer en revue les mythes les plus répandus à propos du cerveau pour les démystifier.

Après un bref rappel de l'organisation générale du cerveau, le premier chapitre présente les nombreuses possibilités de capacités mentales et répertorie les gènes impliqués dans l'apparition du langage. Vous y découvrirez également les neurones miroirs, supports cellulaires de l'empathie.

Le deuxième chapitre est consacré au développement des capacités cérébrales. Vous y apprendrez quand et comment le cerveau grandit, pourquoi chaque cerveau est unique, et l'on y abordera l'importance de parler aux bébés et de laisser les adolescents se construire.

Le troisième chapitre vous permettra d'exercer votre cerveau arithmétique en explorant les trois strates d'organisation et les huit formes multiples de l'intelligence ou les cinq types de mémoire.

Les trois chapitres suivants vous donneront les moyens de conserver votre cerveau en pleine forme en ralentissant les effets du vieillissement.

Enfin, dans le dernier chapitre, Bernard Sablonnière propose une hypothèse stimulante basée sur les secrets des centenaires et du rat-taupe : le cerveau comme clé de la longévité.

Selon le *Charmide* de Platon, le plus ancien des trois préceptes gravés sur le fronton du temple de Delphes était le « connais-toi toi-même » socratique. Pour apprendre à lire à cœur ouvert dans son cerveau, ce livre nous fournit ici un guide tout à fait étonnant et rempli d'optimisme.

Jacques EPELBAUM,
Directeur de recherches,
Centre de recherches en psychiatrie et neurosciences,
Université Paris-Descartes

Avant-propos

Les abeilles pillottent deçà, delà les fleurs, mais elles en font après le miel,
qui est tout leur, ce n'est plus thym ni marjolaine :
ainsi les pièces empruntées d'autrui, il les transformera et les confondra,
pour en faire un ouvrage tout sien, à savoir son jugement.

Montaigne, *Essais*, I,26 « de l'institution des enfants ».

Montaigne illustre ici cette capacité extraordinaire de notre cerveau à façonner un individu unique, un être différent de tous les autres. Cette construction propre à chacun utilise chaque instant de notre vie, depuis la conception jusque l'âge adulte. Telle la production d'une œuvre, la construction du cerveau est modifiée en permanence par notre interaction avec l'environnement et nos relations avec les autres. Finalement, comme nous le verrons dans ce livre, la génétique construit l'essentiel et le cerveau fait le reste, tous ces détails et ses différences qui font de nous quelqu'un d'unique au monde !

Introduction

« Le cerveau, gardien de la pensée ou de l'intelligence recèle les principaux liens de l'âme [...]. Il surveille comme une sentinelle l'extrémité supérieure, citadelle du corps confiée à sa garde protectrice. »

Démocrite

Démocrite est l'un des précurseurs de la connaissance contemporaine du cerveau. Pour lui, sensations et pensée ont une base matérielle qui dépend d'une variété d'atomes « fins, polis et ronds ». La pensée siège dans le cerveau, et les atomes psychiques (préfigurant les cellules nerveuses...) forment le substrat matériel des communications que le cerveau établit avec le corps d'une part et avec le monde extérieur d'autre part. Il s'oppose ainsi à Aristote qui pensait que c'est le cœur et non le cerveau qui est la source d'où coulent l'intelligence et les sentiments.

Le cerveau, gardien de la pensée et de l'intelligence

« De la terre et de l'eau, d'où s'envole, légère et fatale, la pensée. » Depuis Aristote, qui débute ce voyage dans le cerveau humain, la nature et les mystères de cet organe ont pendant des siècles ajouté des épisodes multiples aux mystères du cerveau humain. Entre Galien et Léonard de Vinci, c'est plus de quinze siècles d'expéditions qui ne pourront encore percer les secrets de la pensée. Les Égyptiens décrivaient déjà par observation à travers les plaies du crâne « des rides à la surface du cerveau comparables à celles qui se forment sur le cuivre en fusion ». Pour Galien, l'aspect plissé et grisâtre du cerveau n'évoque rien de vital ! Pour lui, le cœur et le cerveau forment un réseau admirable. Le sang transporte l'énergie vitale brûlée par le cœur jusqu'au cerveau où elle se refroidit pour être transformée en principes spirituels. Pendant de nombreux siècles, les hommes doutent de l'importance du cerveau. À ce point tel que René Descartes sépare le corps, fait de matière, doté de dimensions, mû par des mécanismes, et l'esprit non matériel, sans dimension et exempt de tout mécanisme. Il faudra attendre au fil des siècles les progrès de l'anatomie, de la physiologie, de la neurologie moderne, puis de la neurobiologie et de l'imagerie pour que se révèlent enfin les fondements du fonctionnement de l'intelligence et de la pensée humaine.

Mystères, idées curieuses et mythes...

Des idées très curieuses sont parfois échangées à propos de notre cerveau. En effet, c'est un organe peu visible, si bien protégé dans sa boîte osseuse, notre crâne. On sait qu'il est blanchâtre et assez mou, et qu'il réalise un grand nombre de fonctions d'exécution et de commandes de tous nos organes. Plus surprenant encore, il est capable d'interpréter ce qui nous entoure, et nous permet de ressentir, mais aussi de décider, agir, aimer, et nous mobiliser. Alors comment fonctionne-t-il, comment se construit-il, comment le ménager, comment l'entretenir, mais aussi l'enrichir, le protéger et lui éviter un déclin trop rapide ? On essaiera de trouver quelques réponses actuelles à ces questions si passionnantes.

Un organe mou riche en graisse !

Si on observe la surface du cerveau, on sera surpris de son aspect mou, en sachant que les deux ingrédients majeurs du cerveau sont l'eau, qui représente 78 % de son poids, et la graisse, 10 %. Chez l'homme, son poids total est de l'ordre de 1 300 g. Il contient des cellules spécialisées, les neurones, ces unités de vie minuscules qui se connectent entre elles par de tout petits câbles : les axones. Ces neurones, cellules championnes de la communication, sont très nombreux et invisibles à l'œil nu à cause de leur taille : on pourrait en faire tenir environ un milliard dans un dé à coudre ! En réalité, ces cellules sont contenues dans une matrice, qui contient aussi de très nombreux vaisseaux sanguins et des cellules nourricières, les cellules gliales. Alors pourquoi le cerveau est-il blanc ? c'est quoi, la matière grise et la matière blanche ?

Le cerveau apparaît blanc, mais en fait, il est de teinte rosée, surtout en surface à cause de la présence de nombreux vaisseaux sanguins. Sa couleur blanche est liée à la présence de graisse. Celle-ci constitue la gaine des axones, qui entoure ces prolongements minuscules des cellules formant d'innombrables fils connectant les neurones entre eux, et dont la longueur totale avoisine une bonne centaine de kilomètres. Ces minuscules fils blanchâtres qui sont invisibles à l'œil nu, sont empêtrés dans la matrice, une sorte de gel dans lequel sont logés les neurones. La matière grise est liée à l'accumulation des cellules, et il existe aussi la matière noire visible au niveau de certains groupes de cellules qui fabriquent un pigment naturel noirâtre, la mélanine.

Les mythes à propos de notre cerveau

1. La taille du cerveau est corrélée à l'intelligence

Si l'homme possède un cerveau très développé, c'est surtout la proportion relative des régions du cerveau attribuées aux fonctions cognitives, notamment le lobe préfrontal, qui a considérablement augmenté depuis l'évolution des primates jusqu'à l'homme. Cela veut dire qu'une simple comparaison de la masse relative du cerveau ou la proportion de celui-ci par rapport à la masse du corps entier n'est pas très utile. Ainsi, l'homme n'est pas l'espèce qui possède le plus gros cerveau, puisque celui de l'éléphant est d'environ 4,5 kg et celui de la baleine d'environ 7 kg. L'homme possède un cerveau trois fois plus gros que celui d'un chimpanzé. La taille de cet organe n'est pas le seul indicateur des capacités mentales, car l'intelligence dépend beaucoup du nombre des neurones. Un autre critère du développement des facultés intellectuelles provient plutôt, comme nous le verrons plus loin, du temps de développement et de la maturation du cerveau et de ses connexions, qui dépasse vingt-cinq ans chez l'homme. Au total, c'est le nombre à la fois des neurones et de leurs connexions qui contribue le plus efficacement au développement de l'intelligence. Lors de la construction du cerveau, notamment au cours des trois premières années de la vie, plusieurs millions de ces connexions s'établissent à chaque minute. Certains élaborent, à partir des différences de poids des organes, des conclusions erronées ! Ainsi, le cerveau féminin est en moyenne inférieur de 100 g au cerveau masculin, mais il n'existe pas de variation significative du nombre des neurones. Les capacités mentales et cognitives de chacun sont propres au développement et au degré de connectivité des neurones.

2. Il existe des trous dans le cerveau

Cela est faux. Si il est vrai qu'il existe des cavités appelées ventricules, la matière grise et la matière blanche ne contiennent aucun trou, même lorsque l'on est très âgé.

Quand une partie du cerveau est détruite, c'est le plus souvent par une inondation de sang provoquée par une hémorragie, ou la destruction d'une petite région liée à un défaut d'apport en oxygène provoqué par un caillot qui bouche une petite artère.

3. Le cerveau n'utilise pour une tâche donnée que 10 % de ses cellules

Cette affirmation est sans doute liée aux premiers résultats d'imagerie cérébrale qui permettaient de visualiser les régions où la consommation d'oxygène augmente, représentant les régions les plus actives du cerveau. En fait, c'est faux, car à l'heure actuelle, aucune technique n'est suffisamment fine pour visualiser directement toutes les connexions neuronales qui fonctionnent lors de la réalisation d'une tâche motrice ou cognitive. Sans doute ces tâches mobilisent-elles un très grand nombre de neurones qui ne représentent qu'une part limitée de l'ensemble des connexions disponibles. De plus, lors de l'exécution d'une tâche complexe, beaucoup de connexions fonctionnent, mais seulement une partie de ce fonctionnement est accessible aux mesures actuelles de l'imagerie médicale. Par exemple lorsque l'on ferme les yeux et que l'on pense à une personne de son entourage, un réseau d'environ 150 millions de neurones qui se parlent et se connectent va s'activer. Prenons un autre exemple : lorsque nous démarrons le mouvement d'un bras. Le cerveau évalue les circonstances, planifie, coordonne, et exécute le mouvement. Si on observe uniquement la commande motrice, c'est environ 2 % des neurones, soit environ 180 millions de neurones qui seront mobilisés. Mais cela ne tient pas compte des tâches de préparation et d'évaluation du geste qui utilisent un nombre beaucoup plus élevé de cellules. En réalité, que l'on soit endormi ou réveillé, le cerveau dépense beaucoup d'énergie pour maintenir les capacités d'échange et de communication entre les neurones, par l'envoi de messages électriques et chimiques. Seulement 1 % de cette énergie est affecté à un acte ou un geste particulier, mais les 99 % qui restent sont utilisés pour reformater, consolider ou reformer les connexions de nos réseaux de neurones.

4. Le cerveau fonctionne comme un ordinateur

L'analogie est trompeuse. Dans tout ordinateur existent les disques matériels et les programmes. Le cerveau, lui, n'exécute pas un programme, il développe des stratégies d'exécution en fonction des circonstances immédiates.

En quelque sorte, il élabore à chaque instant un nouveau programme. C'est un peu comme si un ordinateur fabriquait le nouveau logiciel le mieux adapté chaque fois qu'il doit exécuter une fonction. Cette capacité d'organisation autonome du cerveau nous donne ce programme suprême qu'est la pensée humaine. L'ordinateur a des règles de fonctionnement qui sont assez rigides : il fonctionne de façon digitale, c'est-à-dire que la réponse de ses signaux est du type « tout ou rien ». Le cerveau, lui, fonctionne à la fois de façon digitale et analogique, c'est-à-dire qu'il utilise un codage de type « on/off » pour l'activation de certaines connexions, et aussi un codage modulable d'impulsions électriques ou de signaux chimiques. Par ailleurs, l'ordinateur traite les informations en salves successives, c'est-à-dire en série. Le cerveau, lui, fonctionne en parallèle : il peut traiter un très grand nombre d'opérations en simultané même si chaque opération effectuée est bien plus lente que dans le cas d'un ordinateur. À partir des connexions neuronales se construisent des réseaux qui peuvent accumuler de multiples informations et les transmettre en même temps. Ainsi, de façon majoritaire, les circuits neuronaux fonctionnent en parallèle. Dans certaines régions, cependant, comme les centres du langage et de l'écriture, des circuits parallèles s'organisent en série pour donner du sens à l'écriture et aux mots, qui sont bien une succession de lettres dont chacune possède une signification.

5. Le cerveau se remplit comme une éponge

On pense facilement que les limites de notre mémoire immédiate correspondent à une capacité variable de stockage. Nous verrons qu'il n'en est rien. Plusieurs régions de notre cerveau sont impliquées dans les processus mémoriels selon le type d'informations à enregistrer, et le procédé d'encodage. Pour cela, le cerveau équivaudrait à un ordinateur disposant de plusieurs types de mémoire vive, mémoire à court terme (fichiers temporaires), et mémoire à long terme (disque dur).

6. On peut maintenant lire ce qui se passe dans le cerveau

C'est effectivement devenu possible, avec les progrès de l'imagerie par résonance magnétique fonctionnelle ou IRMf. Des scientifiques de l'université de Newark et de l'université de Los Angeles pensent ainsi pouvoir prédire dans un avenir proche les états mentaux d'une personne, avant même que ces états ne puissent s'exprimer consciemment. C'est en particulier l'objet du projet « connectome » qui regroupera des milliers de données d'imagerie du cerveau chez des sujets sains au repos, pour établir une carte des connexions cérébrales. Pour ces scientifiques, les progrès de l'imagerie démontrent que le cerveau ne range pas toutes ses fonctions mentales dans des cases séparées. Nos capacités mentales, comme la mémoire, la peur, l'apprentissage, le raisonnement logique ou les émotions ne sont pas localisées exclusivement dans des aires spécialisées. Le cerveau est plus complexe qu'il n'y paraît car les techniques d'imagerie actuelles permettent d'analyser son activité globale et surtout l'étendue des interactions entre différentes aires du cortex parfois très éloignées les unes des autres. Grâce à l'imagerie, on pourra bientôt établir une véritable carte du fonctionnement des réseaux neuronaux à grande échelle. Il serait possible de prédire avec précision l'activité mentale particulière à laquelle se livre l'individu examiné. D'après les chercheurs qui participent au projet « connectome », les résultats obtenus à partir des observations menées chez cent trente sujets représentent un premier pas dans la caractérisation des capacités mentales complexes, telles que le raisonnement abstrait, l'aptitude à deviner ce que l'autre pense ou encore le mensonge. La réalisation d'un tel catalogue des schémas de connectivité du cerveau est déjà engagée dans le projet « connectome ».

7. Le cerveau droit fonctionne différemment du cerveau gauche

S'il est vrai qu'il peut exister de discrètes différences dans le degré de latéralisation de certaines tâches cognitives, personne n'utilise soit le cerveau droit, soit le cerveau gauche, puisque la plupart des capacités mentales sont réparties dans les deux hémisphères du cerveau. Ainsi, souvent, si une hémorragie détruit une région du cerveau, la partie équivalente de l'autre hémisphère prendra le relais. Certaines personnes utilisent davantage la connectivité entre les deux hémisphères, qui passe par l'utilisation d'environ 200 millions de fibres nerveuses. Comme nous l'étudierons plus loin, il y a une exception, qui est représentée par le centre du langage qui est situé chez la grande majorité des humains dans l'hémisphère gauche exclusivement.

8. Nous perdons des neurones tous les jours et on finit par perdre la mémoire lorsqu'on vieillit

Effectivement, des neurones dégénèrent chaque jour, et la plupart des neurones ne peuvent se diviser. Comme nous le verrons, à la fin de la vie, le cerveau a perdu moins de 5 % de ses neurones, mais c'est surtout les connexions qui sont altérées. Cependant, il existe des régions où la production de nouvelles cellules existe, c'est la neurogenèse. Apprendre, méditer, agir, se motiver permettent à nos neurones de rester vigoureux et de former de nouvelles connexions. La neurogenèse est notamment active dans l'hippocampe, l'une des régions du cerveau impliquées dans la mémoire. Ainsi, un peu comme pour l'entretien de notre forme physique, on peut garder un cerveau en forme si on stimule en permanence ses capacités. Les neurones s'usent et meurent beaucoup plus vite si on ne s'en sert pas : leurs connexions rabougrissent et dégénèrent.

La vieillesse n'est pas corrélée strictement à la perte de mémoire. Elle s'accompagne d'une baisse progressive de nos capacités mentales, surtout si on utilise peu son cerveau, pour planifier, réfléchir, rester curieux de nouvelles acquisitions cognitives. Il faut aussi entretenir la bonne oxygénation du cerveau, c'est-à-dire conserver des vaisseaux sanguins en bon état, vaste débat actuel de la médecine prédictive moderne des maladies cardio-vasculaires et du cerveau.

9. Notre cerveau a besoin de souvent se nourrir quand on apprend une leçon

On apprend souvent que manger du poisson, c'est bon pour la mémoire et le cerveau car c'est riche en phosphore. Cette affirmation remonte à la découverte de certaines graisses du cerveau, les phospholipides, qui sont riches en phosphore. Une alimentation équilibrée apporte surtout, par les céréales, la viande et le fromage, la quantité quotidienne de phosphore utile pour reconstituer notre énergie. Le cerveau est un des organes les plus consommateurs d'énergie au repos. Le cerveau consomme en permanence 25 % de l'énergie dépensée par le corps, soit en moyenne 25 watts. Pour cela, il consomme de l'oxygène apporté par le sang. En effet, chaque minute, le cœur envoie trois quarts de litre de sang à notre cerveau. Le carburant le plus consommé par les neurones pour assurer leur fonctionnement électrique est le glucose, dont il consomme 5 g chaque heure, soit l'équivalent d'un morceau de sucre.

Chapitre 1

Une tête bien remplie

Introduction

« C'est se servir d'une métaphore usée que de comparer la vie d'un homme à la métamorphose de la chenille en papillon ; mais la comparaison serait plus juste si nous prenions, au lieu de la vie d'un homme, le développement mental de la race humaine. L'histoire montre que l'esprit humain, nourri par un constant apport de connaissances nouvelles, grandit au point de ne pouvoir tenir dans une enveloppe qu'il déchire pour apparaître sous une forme nouvelle, de même que la chenille qui se nourrit et grossit brise sa peau et en prend une nouvelle, elle-même temporaire. L'état parfait de l'homme semble être bien lointain mais chacune des mues de l'esprit nous en approche d'un pas, et de ces pas nous comptons un grand nombre. »

Extrait de *La Place de l'homme dans la nature*
de Thomas Huxley, Londres, 1891

Le cerveau et ses multiples lobes

D'abord, essayons de voir comment s'organise le cerveau. Une brève description s'impose pour pouvoir, dans la suite du texte, en localiser les régions importantes.

C'est une sorte de demi-sphère située dans le crâne, formée de plusieurs parties. Dans la partie inférieure, on trouve le tronc cérébral, une sorte de cylindre qui contient les commandes vitales : respiration, battements cardiaques, température, la faim, la soif, etc. Il se prolonge par la moelle épinière qui descend dans la colonne vertébrale et donne des ramifications nerveuses multiples, notamment les nerfs qui commandent les muscles et le fonctionnement de nombreux organes. À l'avant du tronc cérébral se situe l'hypothalamus, sorte de cave chimique qui libère de nombreuses hormones qui vont activer le fonctionnement de différentes glandes. À l'arrière du tronc cérébral se localise une annexe du cerveau de la taille du poing, le cervelet. Au-dessus de cet étage de base existe une énorme enveloppe avec plusieurs parties séparées en deux : les hémisphères. Cette enveloppe est organisée en plusieurs lobes dont chacun exerce *grosso modo* une fonction définie. On distingue à l'avant et au-dessus, s'étalant du front vers le milieu du crâne : le lobe frontal, lobe le plus développé chez l'homme siège de la réflexion et de la décision. Au-dessus des oreilles, dessinant une sorte de ruban qui s'étalerait en arc de cercle un peu comme un casque hi-fi entre les deux oreilles : le lobe pariétal où siègent la commande des mouvements, la perception sensorielle et la parole. Au-dessus de la nuque, dans la partie la plus postérieure du crâne, est situé le lobe occipital, siège de l'élaboration des images visuelles. Enfin, de chaque côté, formant un bandeau derrière les tempes : le lobe temporal qui contient notamment l'hippocampe où siège la mémoire. Au centre du cerveau se localisent, sous le lobe frontal et pariétal, différents groupes de cellules ou noyaux impliqués dans différentes fonctions comme le thalamus dans le sommeil, les noyaux gris dans le contrôle des mouvements et le cerveau limbique où se construisent les émotions. Les différents lobes forment à la surface (appelée cortex) des replis ou circonvolutions cérébrales.

Cellules, câbles et clés chimiques

Le cerveau surprend souvent par sa couleur blanche, légèrement rosée, liée à la présence de nombreux vaisseaux sanguins et de replis de sa surface, les fameuses circonvolutions largement développées chez l'homme, par rapport à nos cousins les primates.

Pesant environ 1 300 g, le cerveau est l'un des plus gros organes du corps humain. Ses 170 milliards de cellules, minuscules unités de vie invisibles à l'œil nu, se répartissent de façon égale entre des cellules douées de communication que l'on appelle neurones, et des cellules gliales servant

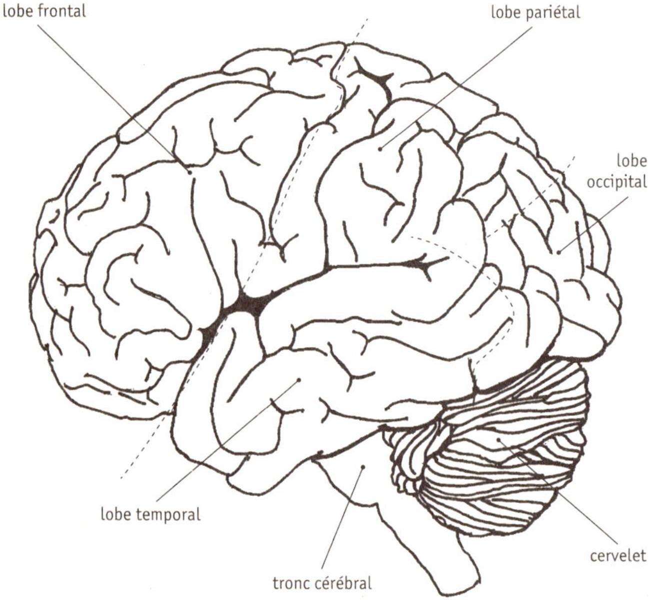

Figure 1. Vue externe du cerveau et ses lobes.

Vue latérale du cerveau indiquant les lobes.

Le lobe frontal contient le siège de la réflexion, du raisonnement et de la décision. Le cortex pariétal situé au-dessus et débordant vers l'arrière contient notamment le siège des fonctions motrices et sensitives. Vers l'arrière, au-dessus du cervelet se situe le lobe occipital (devant la nuque) siège de l'élaboration des images visuelles. Sur le côté, derrière les tempes se situe le lobe temporal où siège la mémoire, l'élaboration de l'ouïe et de l'olfaction et une partie de l'élaboration du langage.

de support en oxygène et en nourriture aux premières. C'est parce qu'ils forment un réseau miniature d'interconnexions multiples grâce à leurs minuscules tentacules, ou dendrites, que les neurones s'échangent des informations. Pour beaucoup d'entre eux existe un tentacule principal, l'axone, qui leur permet d'entrer en contact avec un autre neurone situé parfois quelques millimètres plus loin ! Cela revient à imaginer qu'un être humain puisse serrer la main d'un voisin grâce à un bras d'une longueur de deux kilomètres ! Pour permettre un contact optimal entre eux et avec d'autres cellules, environ 30 millions de neurones peuvent se loger dans un centimètre cube, soit à peu près le volume d'un Apéricube. À savoir qu'en moyenne, chaque neurone entre en contact avec dix mille autres et parfois avec plus de cinquante mille cellules voisines. Les neurones s'envoient des messages par l'intermédiaire de minuscules impulsions électriques, le fameux « influx nerveux ». Sous l'effet de ces impulsions, la cellule active ou parfois inhibe la naissance d'un influx nerveux dans le neurone voisin ; la communication est alors établie. Les neurones furent décrits pour la première fois par Wilhem von Waldeyer-Hartz en 1891, et visualisés au microscope par Santiago Ramón y Cajal. Ce neuroanatomiste est le premier à les avoir dessinés, « les neurones, ces papillons mystérieux de l'âme, dont les battements d'ailes pourraient, qui sait, clarifier un jour le secret de la vie mentale ».

En fait, le fonctionnement du cerveau n'est pas si simple : Il ne s'agit pas seulement d'un réseau câblé prédéterminé de connexions miniatures puisqu'il repose également sur des substances ou clés chimiques pour fonctionner. C'est d'ailleurs cette double caractéristique qui lui permet de prolonger l'effet des connexions câblées par l'envoi rapide d'une information capable de faire réagir rapidement tous nos organes. Eh oui, le cerveau nous fait ressentir les choses jusque dans nos tripes ! De l'impression d'être envahi d'une pensée agréable à celle provoquée par un sentiment, voire une frayeur ou une véritable peur panique.

Ces clés chimiques, ou neurotransmetteurs, permettent au cerveau de moduler, de façon modérée ou forte, l'intensité des connexions nerveuses. Au fur et à mesure de l'évolution des primates est apparue cette spécialisation des neurones dans leur capacité non pas uniquement de répondre selon le principe du « tout ou rien », car l'homme ne fonctionne pas comme un robot, mais de moduler la réponse de plusieurs neurones connectés à celui qui les active par des impulsions électriques d'intensité variable. Ce principe observé maintenant pour de nombreuses clés chimiques dénommées neuromodulateurs a profondément modifié l'intelligence humaine et a grandement facilité l'adaptation des capacités mentales à la vie sociale, la vie collective, sous l'effet de l'augmentation progressive de la population des hominidés.

C'est ce qui est observé en comparant la densité des neurones qui utilisent ces clés dans le cortex frontal entre l'homme et le chimpanzé. L'augmentation du nombre de neurones utilisant la dopamine comme clé chimique a développé chez l'homme sa capacité de concentration, d'attention et de motivation dans l'exécution d'une tâche. La multiplication des connexions neuronales utilisant la sérotonine comme clé chimique a favorisé, quant à elle, les capacités d'adaptation de l'homme dans sa vie sociétale : il est plus tolérant envers autrui, plus flexible et s'adapte à la réaction de ses pairs. Son comportement relationnel est plus axé sur la relation positive avec l'autre, qui n'est pas obligatoirement perçu comme un rival, ce qui est encore le cas chez de nombreux grands singes. Enfin, l'acétylcholine, l'une des clés chimiques qui fait défaut dans les maladies liées à l'apparition de troubles de la mémoire, utilise un grand nombre de connexions entre le cerveau de la mémoire récente (l'hippocampe) et le cerveau préfrontal impliqué dans la planification de l'action. On réfléchit donc davantage à initier une action ou un comportement en fonction de sa propre expérience, mieux mémorisée que chez les grands mammifères et les singes. L'augmentation de la densité des neurones utilisant l'acétylcholine favorise les aptitudes cognitives et la transmission du savoir aux autres. Enfin, n'oublions pas le développement formidable du cerveau limbique, celui impliqué dans les sentiments et les émotions, qui a façonné, au cours des millénaires, le comportement amoureux de l'homme, sa capacité à former des couples et à fonder le socle de la vie familiale, essentiellement du fait de l'activité d'une autre clé chimique du cerveau, l'ocytocine (*cf.* Bernard Sablonnière, *La Chimie des sentiments*, éditions Jean-Claude Gawsewitch, 2012).

Une mandarine dans la tête

Le cerveau : un concentré de petites cellules ?

En réalité, les neurones du cerveau sont enchevêtrés dans une espèce de gel, la matrice, riche en eau et en vaisseaux sanguins. Les neurones eux-mêmes constituent environ 10 % du volume total du cerveau. Un même volume est utilisé par les cellules gliales. La plupart des neurones qui assurent les fonctions indispensables à la réflexion, l'action, l'expression des sentiments et à des fonctions cognitives sont situés dans une fine couche de 3 mm d'épaisseur, ou cortex, à la surface du cerveau, dont la superficie est accrue par la présence des circonvolutions cérébrales. Ainsi, si on la déplie, cette couche de cellules couvre une surface équivalente à trois feuilles de papier ordinaire, format 21 × 29 cm. Le cortex correspond à une masse d'environ 400 g et contient 16 milliards de neurones. Le reste des neurones est localisé dans d'autres parties comme les différents noyaux du cerveau, ainsi que dans le cervelet. Au total, si on rassemblait tous les neurones, ces cellules nobles qui s'échangent des informations, on obtiendrait une boule de la taille d'une mandarine, soit 120 g !

Bigger is better

Mais qu'est-ce que l'intelligence ? C'est toute une variété de capacités mentales regroupant la pensée abstraite, la compréhension, la communication, le raisonnement, l'apprentissage et la mémoire, ou encore l'aptitude à planifier une action et à résoudre les problèmes rencontrés. Chez les animaux, on retrouve des cerveaux de différentes tailles : le cerveau d'une souris pèse 0,4 g, celui d'un rat, 1,8 g, celui d'un lion, 240 g, celui d'un éléphant, 4,5 kg et celui de la baleine dépasse les 7 kg. Il est intéressant d'essayer de caractériser ce qui peut permettre de mesurer le développement de l'intelligence dans le cerveau. Sa taille pourrait constituer un indice, puisque plus il est gros, plus il peut contenir de neurones. En fait, non, le meilleur indice, dénommé coefficient d'encéphalisation, tient compte du poids relatif comparé du cerveau par rapport au corps entier. De plus, en comparant les espèces, on peut rapporter cet indice à un coefficient. Prenons un exemple : le chat possède un coefficient de 1, c'est-à-dire que pour son poids, la taille de son cerveau est équivalente à ce qui est observé en moyenne chez d'autres animaux du même poids. Le rat a un coefficient de 0,5 ; la baleine, de 1,8 ; les grands singes, de 2,5 ; le dauphin, de 5 et l'homme, de 7,5. Cela veut dire que ce dernier possède un cerveau 7,5 fois plus gros qu'un autre animal du même poids. De tous les animaux, ce sont les oiseaux et les mammifères qui possèdent le coefficient d'encéphalisation le plus élevé. Cela dit, la taille du cerveau n'explique pas tout, et ce coefficient non plus. Ainsi, de tous les animaux, le rapport qui se rapproche le plus de l'homme est celui du dauphin. Pourtant, le dauphin possède effectivement une intelligence sociale développée, une forme rudimentaire de langage, mais n'égale pas le chimpanzé dans l'utilisation d'outils ou dans ses capacités cognitives. Le dauphin possède donc des capacités mentales, notamment pour communiquer, mais il ne développe pas toutes les capacités de notre catalogue de l'intelligence.

Ainsi, le deuxième critère mesurable de l'intelligence est bien le nombre de neurones, notamment ceux qui se connectent le plus : les neurones du cortex. Les petits animaux comme les musaraignes en possèdent 4 millions, le chien, 160 millions, le chimpanzé, 6 milliards, la baleine, 10 milliards et l'homme, 16 milliards. Ce nombre des neurones du cortex est cependant bien inférieur au nombre total des neurones du cerveau qui, chez l'homme, est de l'ordre de 90 milliards. De ce fait, chez les primates, la taille du cerveau et le nombre de neurones corticaux sont très bien corrélés aux capacités cognitives.

D'autres facteurs entrent aussi en ligne de compte. Les chercheurs ont ainsi observé des différences dans la densité des neurones corticaux qui va moduler directement le nombre de connexions possibles. Ainsi, le perroquet, malgré un petit cerveau, possède une forte densité de neurones, ce qui explique certaines de ses capacités cognitives de mémorisation : il retient ce qu'il entend, et le reproduit en imitant le langage humain. Le dauphin possède un cortex plus fin que celui des primates et une densité en neurones deux fois plus faible. C'est chez l'homme que l'on observe la densité la plus élevée des neurones corticaux.

D'autres critères sont néanmoins à prendre en considération en ce qui a trait à l'intelligence. Tout d'abord, la distance moyenne entre les neurones et la capacité du cerveau à établir un réseau de connexions, c'est-à-dire de communication très dense. Chez l'homme, le développement embryonnaire du cerveau qui se prolonge jusqu'à la fin de l'adolescence, permet, dans certains territoires du cortex, d'aboutir à un niveau record de plus de cinquante mille cellules connectées à une seule ! Un autre critère est le degré de partition du cerveau, c'est-à-dire sa capacité à organiser des régions d'un fonctionnement indépendant, un peu comme la partition d'un ordinateur sur plusieurs disques mémoire distincts. Le cerveau des petits mammifères et des rongeurs possède une dizaine d'aires surtout sensitives et motrices. Chez l'homme, on dénote cinquante-deux aires distinctes dont le nombre de connexions avec une aire voisine peut être élevé. Ces aires délimitées par la forme et l'organisation de leurs neurones sont assignées à une fonction, bien qu'une seule fonction puisse regrouper une ou plusieurs aires. Elles ont été décrites par le neuroanatomiste allemand Korbinian Brodmann en 1909, et constituent encore une cartographie très utile du cerveau.

L'intelligence des animaux : le perroquet gris et le dauphin

On est étonné de découvrir la capacité du perroquet gris du Gabon à répéter, mémoriser et mimer le langage humain. D'où viennent ces performances ? Tout d'abord, à côté des grands singes, les perroquets sont les animaux dont la taille du cerveau est la plus élevée par rapport à leur poids. Par ailleurs, bien que leur cerveau soit petit (environ 10 g), la densité de ses neurones est très élevée et identique à celle du cerveau humain, ce qui favorise la connectivité des neurones d'une aire à l'autre. Un autre exemple bien connu d'intelligence animale est celle observée chez les dauphins. En effet, ces derniers développent une forme d'intelligence sociale largement basée sur leurs facultés de communication, liée à la production d'un langage déjà élaboré par la combinaison de signaux sonores. Là aussi, ils possèdent un gros cerveau (1 100 g), qui contient un nombre élevé de neurones corticaux. Cependant, l'épaisseur de leur cortex est faible et il existe peu de connexions entre les aires auditives et le cortex préfrontal. Par ailleurs, les connexions entre les deux hémisphères chez le dauphin sont faibles, ce qui diminue d'autant plus ses capacités cognitives et sa capacité d'abstraction.

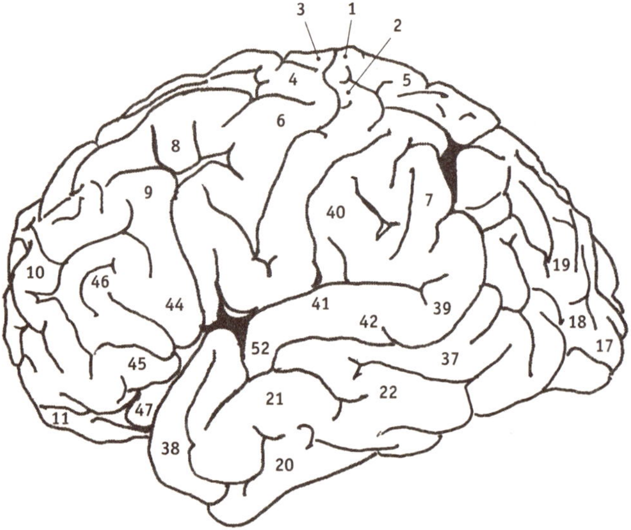

Figure 2. Carte des aires cérébrales.

Carte de localisation des aires cérébrales.

Il en existe 52 chez l'homme. Chaque aire délimite une petite surface du cortex impliquée dans une fonction particulière. Certaines aires ne sont pas mentionnées sur ce dessin, parce que situées dans des replis internes du cortex non visibles sur ce schéma d'une vue externe du cerveau. Fonction de certaines aires. Aires 1 à 3 : toucher et position des membres. Aire 4 : démarrage des mouvements. Aire 6 : coordination des gestes complexes. Aire 7 : vision spatiale.

Aires 9 et 10 : Raisonnement, concentration. Aires 17 à 19 : vision et élaboration des images visuelles. Aires 20 à 22 : perception des évènements et mémoire. Aire 39 : compréhension des mots. Aires 41 et 42 : compréhension des sons. Aires 44 et 45 : élaboration du langage et de l'écriture. Aire 46 : mémoire spatiale. Aire 52 : perception du plaisir.

Des primates à l'homme

Quelle est cette formidable spécialisation qui s'est déroulée au cours de l'évolution des primates et surtout de celle des hominidés depuis 2,5 millions d'années ? C'est d'abord cette augmentation très particulière du coefficient d'encéphalisation propre aux primates où ce coefficient évolue progressivement de 1,5 chez les petits singes à 2,5 chez le chimpanzé. Cette augmentation s'est nettement accélérée chez les hominidés qui se sont distingués des chimpanzés il y a 6 millions d'années. Le chimpanzé possède un cerveau d'environ 470 g et l'homme de 1 300 g. Entre 2,5 et 0,5 millions d'années avant notre ère, la taille du cerveau a considérablement augmenté. Ainsi, la taille du cerveau passe de 480 g chez l'australopithèque à 1 300 g chez l'*Homo sapiens* et le coefficient passe de 2,5 à 7,5 ! Cela signifie que, comparé à celui du chimpanzé, notre cerveau est trois fois plus gros.

Les hominidés possèdent les éléments qui vont concourir à développer l'intelligence : la surface du cortex qui atteint plus de 2 000 centimètres carrés ; son épaisseur qui passera de 0,75 mm à plus de 4 mm dans le cortex frontal ; le nombre et la densité des neurones qui culminent à plus de 16 milliards avec une densité de 30 millions par centimètre cube. Et plus l'hominidé évolue, plus de nouvelles caractéristiques liées à l'adaptation du cerveau humain à son environnement apparaissent. La première correspond au pourcentage de la surface du cortex occupé par le cortex préfrontal, celui qui est le plus impliqué dans les fonctions de l'intelligence, partagées il est vrai avec certaines zones du cortex temporal. Ce pourcentage est de 30 % chez l'homme, mais n'est que de 20 % chez le chimpanzé et inférieur à 5 % chez la plupart des petits mammifères. Certaines régions du cortex frontal inférieur et du cortex préfrontal vont se développer fortement et permettre la réflexion, le choix de l'action, son élaboration et sa planification, ainsi que l'utilisation d'outils : c'est le véritable aboutissement des performances de l'intelligence humaine. Ainsi, certaines régions du cortex temporal vont intégrer des données fournies par l'audition, favorisant l'abstraction et la reconstruction d'une idée symbolique. De même, des images issues du cortex occipital intègrent une reconstruction visuelle de l'action à planifier. Au total, le véritable intégrateur, qui ne représente guère plus de 50 centimètres carrés du cortex préfrontal, fonctionne comme cette véritable mémoire de travail qui construit notre raisonnement et le plan d'action de notre comportement.

Dans les années 1970, les comparaisons neuroanatomiques mentionnaient une différence de taille entre le cerveau de l'homme et celui de nos proches cousins les singes, avec une évolution importante de la surface du cortex. Puis au début des années 1990, les progrès de l'imagerie médicale apportaient la preuve d'un développement accru de la densité des connexions neuronales dans le cerveau humain. Enfin, les neurobiologistes avaient une explication cérébrale du développement de l'intelligence. Au cours de la même période, les psychologues et les anthropologues démontraient les multiples facettes de l'intelligence animale ou humaine, et le degré de leurs spécialisations : la capacité cognitive d'abstraction, la capacité d'un individu à attribuer un état mental à lui-même ou à une autre personne (théorie de l'esprit), et enfin la capacité à développer un raisonnement logique. D'autres études considéraient les multiples capacités d'adaptation de l'homme à la vie sociétale et à la culture. Cependant, une seule spécialisation du cerveau humain le rend universellement différent et nettement plus évolué que celui des autres espèces, une spécialisation maintenant reconnue de tous les scientifiques : le langage.

Cerveau et bosse des maths

La capacité humaine du cerveau à quantifier le nombre d'objets qu'on lui présente ou à établir la différence dans l'intensité de sons, l'éclat de lumières, les variations de température ou à estimer le temps se développe progressivement au cours des cinq premières années de la petite enfance. Cette capacité dépend directement de l'aptitude du cerveau à conceptualiser des nombres et les utiliser comme symboles quantitatifs. Cette capacité est liée à l'utilisation d'une petite région du lobe préfrontal fortement connectée avec l'aire du langage. Il existe en effet une région du cerveau qui nous rend aptes à imaginer et comparer les quantités par l'utilisation symbolique des nombres : c'est le cerveau des mathématiques ! Cette région du lobe préfrontal se situe *grosso modo* un peu en arrière des tempes. Elle n'a rien à voir avec ce qui a été appelé « bosse des maths » par son inventeur, Frantz Gall. Elle découle d'une croyance du XIXe siècle qui établit une relation entre la forme du cerveau et les capacités intellectuelles. Cette bosse frontale qui apparaît lors du développement du crâne à la pré-adolescence est liée à la déformation légère des os du crâne due à la pression subie par les os lors de notre sommeil. Pour Frantz Gall, la forme du front se modifie en fonction de notre « sens des nombres ». Si notre front est bosselé, nous deviendrons de très bons mathématiciens. Cette idée est en fait fausse car la bosse n'est pas reliée au volume d'une région du cerveau et la bosse des maths n'existe pas !

Le génie du cerveau humain : le langage

En comparant la taille des différentes régions du cerveau du chimpanzé avec celle du cerveau de l'homme, les neuroanatomistes remarquent qu'une aire, dénommée l'aire de Broca, est six fois plus grande chez l'humain, alors que, dans son ensemble, le cerveau du chimpanzé est trois fois plus petit. L'aire de Broca est impliquée au niveau du lobe frontal dans la construction de la syntaxe et le choix des mots. Elle est par ailleurs fortement connectée à une petite région du lobe temporal, appelée aire de Wernicke, impliquée, elle, dans notre aptitude à prononcer les mots et à les associer dans l'élaboration de phrases : c'est la fameuse aire du langage. Mais quel est donc le rôle de cette petite région pour permettre d'acquérir cette fonction si particulière et si singulière qu'est le langage ?

Les scientifiques ont bénéficié de la découverte fortuite d'un gène défectueux responsable de l'apparition de troubles graves du langage dans une famille britannique en 1990. Sur trois générations, des membres de cette famille présentaient une incapacité à parler provoquée par une inaptitude à actionner les muscles du larynx et des cordes vocales. De ce fait, le discours des malades de cette famille était incompréhensible, car ils avaient recours à un langage très mal articulé. Pour échanger entre eux, ils utilisaient des signes. De plus, leur quotient intellectuel était plus faible que celui des autres membres de leur famille, non atteints de ce trouble du langage. Chez ces malades, l'imagerie révélait une atrophie de la région cérébrale de commande du langage. Le gène responsable fut alors identifié, à partir de l'étude de cette famille en 2001. Il s'agit du gène FOXP2 qui a été ainsi dénommé le gène du « langage ».

L'étude de la fonction de ce gène a révélé qu'il avait très peu évolué chez les vertébrés et qu'il permettait chez presque tous les vertébrés la coordination des mouvements, en particulier ceux de la bouche et du visage. Les neurobiologistes ont par ailleurs démontré que ce gène facilitait le développement des connexions entre les neurones, dans différentes régions du cerveau, notamment au niveau du striatum, un groupe de cellules fortement impliqué dans la coordination fine des mouvements. Ce gène n'a pas évolué entre la souris et les premiers hominidés. De façon surprenante, deux changements de son message sont apparus subitement il y a environ 300 000 ans, le rendant plus actif et capable de stimuler la formation de nouvelles connexions neuronales, notamment dans le centre du langage : l'émergence du langage humain était née ! Curieusement, les anthropologues s'aperçoivent que l'absence de langage chez les singes n'est pas un problème de développement du larynx, mais bien un problème de commande nerveuse des muscles qui actionnent les cordes vocales et le larynx. Ce gène favorise le développement de connexions nerveuses motrices qui actionnent alors très finement ces muscles. Également exprimé chez les oiseaux, c'est ce gène qui favorise la fabrication de sons, de vocalises, voire de véritables chants. De façon extraordinaire, les chercheurs ont observé que l'activité de ce gène était stimulée par l'apprentissage d'une chanson, puisque en quelque sorte il facilite la formation de réseaux de connexions qui commande et mémorise le mouvement des cordes vocales correspondant à tous les mots d'une chanson.

Existe-t-il des gènes de l'intelligence ?

Comme nous l'avons vu plus haut, la taille du cerveau est globalement corrélée à l'intelligence, ce qui explique cette augmentation continue de la taille du cerveau au cours de l'évolution des hominidés. Cependant, l'étude en imagerie médicale du développement du cerveau dans l'enfance implique le rôle du cortex dans la maturation de l'intelligence. En effet, la vitesse de l'augmentation d'épaisseur du cortex préfrontal (cerveau de la décision et du choix d'une action) et du cortex temporal (intégration des images, des mots et des sons, construction des mots…) chez un enfant est très bien corrélée à son intelligence mesurée à l'aide de tests adaptés jusqu'à l'âge de vingt ans.

Beaucoup d'observateurs se sont intéressés au rôle de la transmission de facteurs héréditaires à l'origine des performances mentales. Le premier d'entre eux est Francis Galton qui, en 1865, affirmait que la qualité des capacités mentales est transmise d'une génération à une autre.

La génétique moderne traque évidemment les gènes de l'intelligence. Il faut cependant reconnaître que pour l'instant, le résultat est décevant. En effet, il est plus facile pour un chercheur d'identifier un gène lorsqu'il connaît son défaut, responsable d'une maladie. Ainsi, chez l'homme, il y a environ trois cents gènes qui entraînent une maladie caractérisée par un retard mental lorsqu'ils sont défectueux, c'est-à-dire lorsqu'ils sont mutés. Cependant, aucun gène n'a encore été identifié comme étant responsable de la diminution progressive des capacités mentales avec l'âge. Les chercheurs ont caractérisé des petits changements dans plusieurs gènes qui contribuent, très légèrement pour chacun d'eux, aux capacités cognitives, de mémoire ou aux capacités d'exécution de tests d'intelligence. Toutefois, aucun ne joue un rôle majeur dans l'intelligence.

Sans entamer ici une liste de gènes potentiels capables d'affecter différentes fonctions cognitives, essayons d'entrevoir l'histoire de la découverte de quelques gènes qui ont largement modifié le développement des capacités cognitives du cerveau humain. Pour cela, posons-nous la question suivante : quels gènes montrent des différences entre les primates les plus proches de l'homme, c'est-à-dire le chimpanzé, et l'homme ? Le premier gène représente en fait la famille des gènes de l'olfaction. Il en existe près de mille chez la souris, et au cours de l'évolution des petits mammifères jusqu'aux primates, 50 % de ces gènes sont devenus inactifs. En réalité, le sens de l'olfaction s'est réduit chez les primates au profit du développement de la vision. La vision en trois couleurs s'est ensuite développée, permettant à l'homme chasseur de repérer ses proies de plus loin, renforçant ainsi sa station bipède. Le deuxième gène dont l'évolution a largement contribué au développement du cerveau est le gène MYH16, un gène codant une protéine fabriquée dans les muscles de la mastication, la myosine.

Ce gène est responsable de la croissance importante des muscles actionnant la mâchoire. La perte de ce gène, il a environ 2,5 millions d'années, a entraîné chez les premiers hominidés une réduction de moitié du volume de ces muscles qui s'accrochent sur le haut et les côtés du crâne. Le volume du crâne a ainsi pu progressivement augmenter, facilitant l'augmentation de la taille du cerveau. À la même période, environ cinq cent mille ans avant notre ère, l'homme a domestiqué le feu et commencé à consommer des aliments cuits, réduisant en conséquence la force de sa mâchoire et la taille de ses molaires.

Un troisième exemple de gène dont des mutations ont abouti à une augmentation de la taille du cerveau est le gène ASPM. Ce gène commande la capacité des neuroblastes précurseurs des neurones à se diviser plus efficacement. En mutant progressivement, ce gène est apparu plus efficace et a facilité l'augmentation du nombre de neurones du cortex et leur capacité de connexion. Enfin, n'oublions pas ce fameux gène FOXP2 qui, en déclenchant le langage, a formidablement accéléré la socialisation, la communication entre les hominidés et donc l'intelligence.

Des gènes de la grosse tête !

La surface du cortex du cerveau humain est dix fois plus grande que celle du cerveau d'un macaque. Par ailleurs, l'épaisseur du cortex est deux fois plus élevée chez l'homme. Ce qui pourrait expliquer cette augmentation considérable de la taille et de la complexité de notre cerveau vient sans doute de l'effet de deux gènes : l'ASPM et la microcéphaline. On peut aussi les dénommer « gènes de la grosse tête », car lorsque ces gènes sont mutés et donc défectueux, ils provoquent une maladie appelée « microcéphalie », où l'on observe un retard mental associé à un petit cerveau peu développé chez les enfants atteints. Ces gènes, dont un nombre élevé de variations est apparu il y a environ 400 000 ans, accentuent en effet la prolifération des neuroblastes, cellules précurseurs des neurones et favorisent leur migration dans le cortex, accélérant ainsi le développement embryonnaire d'un cortex riche en neurones.

La partie gauche et la partie droite du cerveau sont-elles constituées de la même façon ? Y a-t-il des différences dépendant du sexe d'un individu ?

De nombreux neuroanatomistes et chercheurs étudient les propriétés d'asymétrie du cerveau. La différence la plus évidente est la localisation du centre du langage dans l'hémisphère gauche chez plus de 90 % des humains, probablement par la spécialisation des centres moteurs dans la partie gauche. Au-delà, on peut se poser la question d'une influence du genre masculin ou féminin, sur l'asymétrie et sur l'organisation des connexions du cerveau. Plusieurs études soulignent une latéralisation plus marquée du cerveau masculin qui fonctionne donc de façon plus asymétrique que le cerveau féminin. L'imagerie, là encore, indique que l'influence des hormones sexuelles à partir de la puberté, et probablement jusqu'à l'âge de vingt-cinq ans, module finement le fonctionnement de certaines régions du cerveau. Ainsi, le nombre de fibres connectant les deux hémisphères est un peu plus faible chez l'homme alors que leur densité est plus forte. De plus, dans les capacités utilisées pour mener à la décision de l'action, les hommes utilisent davantage leurs capacités cognitives spatiales, localisées dans le cerveau droit, alors que les femmes sont plus efficaces dans les tâches utilisant la mémoire verbale et le centre du langage situé dans le cerveau gauche. Selon le groupe de Norman Geschwind à l'université de Harvard, ces effets sont liés à l'influence du taux de testostérone libéré chez l'embryon mâle. La testostérone modifierait le rythme du développement cérébral favorisant un retard du développement du cerveau gauche chez le fœtus mâle par comparaison au cerveau droit.

Un cerveau assez rempli pour comprendre l'attitude de l'autre : la théorie de l'esprit

Comprendre qu'une autre personne possède des états mentaux (intention, désir, connaissance, croyance, émotions, etc.) différents des siens est une spécialisation formidable de l'intelligence humaine qu'est capable de développer un enfant de deux ans. Cette forme d'intelligence propre à l'homme lui permet de prévoir ses propres attitudes et de déceler et prédire les attitudes des autres. C'est finalement cette capacité d'un individu à comprendre ce que l'autre ressent, veut, et aussi quel est le but de ses conduites et de ses gestes. Il semble que chez l'enfant, cette capacité se développerait dès le premier mois et serait correctement maîtrisée à l'âge de quatre ans. À l'âge de deux mois, c'est d'abord l'attention du regard qui se met en place : le bébé regarde dans la même direction que sa mère, tire la langue et ouvre la bouche en l'imitant. Petit à petit, il devient capable de pointer du doigt l'objet qu'il désire, comportement dont le chimpanzé est incapable. À partir de l'âge de trois ans et semble-t-il plus tôt encore, il commence à comprendre que les croyances des autres peuvent être différentes des siennes. Il se met à comprendre et à distinguer les fausses croyances des vraies. Un jour, il saisit que le père Noël n'existe pas ; c'était bien une croyance fausse ! Il comprend et sait interpréter le mensonge et va d'ailleurs, de ce fait, beaucoup l'utiliser. À l'âge de sept ans, il comprend l'ironie et l'humour d'un autre. Il développe aussi les capacités mentales du jeu. Cette capacité à comprendre et à interpréter les états mentaux d'un autre concerne aussi les émotions et les sentiments : c'est ce qu'on appelle l'empathie.

De façon remarquable, les progrès de l'imagerie cérébrale ont permis de déterminer les régions du cerveau dont l'activation était responsable de ces capacités mentales. Ainsi, la reconnaissance d'un individu et de son corps perçu comme un congénère est construit dans le cortex occipito-temporal des deux côtés. Par contre, l'interprétation et la compréhension du comportement d'une autre personne sont localisées dans le lobe temporal droit uniquement. Le cortex préfrontal intervient également dans la représentation des états mentaux d'un autre. La région postérieure du cortex préfrontal est impliquée dans la reconnaissance de cette relation triadique : toi, moi et un objet. En revanche, quelques millimètres plus loin, la région antérieure du cortex préfrontal est le siège de l'empathie, cette capacité si particulière à comprendre ce que les autres ressentent dans leur cerveau émotionnel. Enfin, la connexion de ces deux parties du cortex préfrontal est indispensable à l'adaptation humaine des comportements de socialisation, de communication avec les autres, et de tout comportement de relation humaine. De ce fait, chez les psychopathes et ceux qui souffrent d'un comportement antisocial, on observe un défaut d'activation du cortex préfrontal antérieur. Chez les autistes, on observe un défaut d'activation de la région postérieure, limitant ainsi considérablement leur capacité de communication : ils vivent enfermés dans leur monde, mais par contre peuvent interpréter les émotions de l'autre.

En utilisant l'imagerie IRM fonctionnelle, le groupe de Jean Decety a pu démontrer où se localisait, dans le cerveau, cette capacité à percevoir « soi » différent des autres. Quand on perçoit son comportement, c'est-à-dire quand la conscience s'imagine dans une situation donnée, une région du cerveau située à la jonction du cortex pariétal droit et du cortex temporal droit s'active. Cette même région ne s'active pas si on imagine l'autre dans la même situation, et joue donc un rôle crucial pour nous permettre de distinguer soi d'autrui.

Quel est le mécanisme de notre cerveau qui permet de comprendre les intentions de l'autre, ou ses émotions ?

Selon les neurobiologistes, ces formidables capacités mentales qui soudent le socle de la sociabilité des humains seraient liées à l'action de neurones miroirs. Percevoir l'action de l'autre, par exemple s'il mange un sandwich, entraîne une représentation mentale de cette même action dans notre tête, comme si on se voyait en train de manger le sandwich. De là est née toute une série de théories du partage des émotions, ou de la contagion des idées. Le mécanisme général reste le même : la perception d'un événement chez l'autre (action, émotion) crée dans notre propre cerveau l'activation ou la production du même état mental. L'existence des neurones miroirs peut expliquer des formes de télépathie et éloigne d'autres mécanismes non démontrés, tels ceux prétextant l'émission d'une énergie mentale utilisant des ondes physiques inconnues, pouvant expliquer cette forme de communication particulière avec l'autre. Là encore, les progrès actuels de l'imagerie fonctionnelle tendent de plus en plus à démontrer que le rôle des neurones miroirs est essentiel dans la représentation mentale des actions et des capacités de l'autre. On pourra lire à ce sujet l'ouvrage *Les Neurones miroirs* de Giacomo Rizzolatti publié chez Odile Jacob en 2008.

La théorie de l'esprit : une aptitude majeure de la cognition humaine

Cette capacité de comprendre les intentions d'autrui semble apparaître chez l'enfant dès l'âge de quinze mois. Il peut se mettre à la place de l'autre et interprète que l'autre peut se tromper dans certains cas, c'est-à-dire que l'enfant peut attribuer à autrui des croyances fausses. Ce sont les observations menées par Kristine Onishi et Renée Baillargeon qui le démontrent. Face à un petit garçon de quinze mois assis, une femme manipule un jouet en plastique qu'elle place dans une boîte verte posée à côté d'une boîte jaune. La femme détourne son attention de l'enfant et du jouet, et quelqu'un d'autre, furtivement, déplace le jouet dans la boîte jaune. L'enfant observe cette substitution par l'autre adulte. La femme revient et prend directement le jouet dans la boîte jaune. Or elle aurait dû le chercher dans l'autre boîte, là où elle l'a placé. Cela intrigue l'enfant, car il peut déjà se mettre à la place de cette femme et voir qu'elle aurait dû se tromper. L'enfant attribue donc à l'autre une croyance fausse. Si les chimpanzés savent tricher pour détourner l'attention de l'autre, c'est-à-dire qu'ils peuvent deviner les comportements de l'autre, ils ne peuvent lui prêter un « esprit » ou une « croyance ».

Au-delà d'une cartographie très fine du cerveau, la science fait de grands pas depuis une dizaine d'années pour explorer la communication à grande échelle de nos neurones. Ceux-ci, fonctionnant de la même façon dans un groupe ou une aire donnée, s'organisent en réseaux qui communiqueront dans leur ensemble avec un réseau voisin pour mettre en phase leurs communications par l'utilisation d'ondes de fréquences variables. Cette nouvelle science viendra compléter et approfondir la loi de Hebb qui postule que l'activation d'une portion d'aire cérébrale allume le réseau en entier.

À la fin de ce premier chapitre, on se rend compte qu'il existe une multitude de possibilités et de capacités mentales dans notre cerveau. La tête est donc très bien remplie. Mais au fait, à quel moment de notre existence s'établissent toutes ces connexions ? Bien sûr, notre cerveau se développe pendant la grossesse, mais du fait de sa complexité, il est loin d'être terminé à la naissance, d'où le rôle prépondérant de l'éducation, de la stimulation de la communication avec autrui et de l'influence de l'acquisition des connaissances, liée à l'apprentissage sous toutes ces formes. Pendant l'enfance et l'adolescence, le cerveau reste plastique et modifiable, pour s'adapter aux changements de l'environnement et au monde extérieur.

Chapitre 2

Quand le cerveau grandit

> *« Est-ce le sang qui fait la pensée, ou l'air, ou le feu, ou aucun de ces éléments, et n'est-ce pas le cerveau qui nous donne les sensations de l'ouïe, de la vue et de l'odorat ? N'est-ce pas de ces sensations que naissent la mémoire et l'opinion, et n'est-ce pas de la mémoire et de l'opinion, une fois devenues calmes, que naît la science ? »*
>
> Extrait de Platon, *Phédon*, vers 383 av. J.-C.

Les cinq âges du cerveau

Le cerveau évolue et s'adapte en permanence, c'est une des clés essentielles de nos capacités mentales. Le premier âge s'étend de la quatrième semaine de la grossesse jusqu'à la naissance, c'est l'âge où le cerveau se met en place. À cette période, c'est surtout le programme génétique qui dicte l'incroyable production d'environ 90 milliards de neurones : la neurogenèse. Ces neurones, si doués pour communiquer entre eux, se connectent par un nombre extraordinaire de connexions, les synapses : c'est le deuxième âge, de la naissance jusqu'à douze ans, celui auquel le cerveau est si malléable à l'apprentissage et aux effets de l'environnement. Le troisième âge, de douze à vingt-cinq ans, est celui du grand élagage où de nombreuses synapses sont éliminées. C'est une période vulnérable où le cerveau de l'adolescent sélectionne les synapses les plus solides pour forger son raisonnement, et sa personnalité. Ensuite, le quatrième âge du cerveau, c'est la vie adulte, entre vingt-cinq et soixante-cinq ans. Contrairement aux idées reçues, le cerveau adulte ne perd pas de neurones et est alors à son fonctionnement maximal. Pour faire face aux soucis et stress quotidiens, il s'adapte et montre de nombreuses ressources. Il conserve et utilise au moins dans deux régions, l'hippocampe et les parois des ventricules, la capacité de produire de nouveaux neurones. De plus, il conserve une excellente plasticité pouvant remplacer des connexions usagées par de nouvelles synapses. Après soixante-cinq ans, environ, parfois plus tard, c'est le cinquième âge, celui d'un déclin progressif des capacités cognitives. Si on l'entraîne bien, à la fois en le maintenant en forme par l'exercice physique et par cette curiosité motivée et dévorante, c'est-à-dire par la pratique régulière de nombreuses activités intellectuelles et culturelles, le cerveau se constitue une réserve qu'il peut utiliser pour mieux résister au vieillissement.

La grossesse : le big-bang du cerveau !

Les nouveau-nés humains sont nidicoles, c'est-à-dire qu'ils ont besoin de soins maternels pour développer leur maturité motrice, affective et relationnelle. En effet à force de devenir plus gros à l'âge adulte, le cerveau du nouveau-né ne peut dépasser une certaine taille, sinon se pose le problème du passage de la tête au moment de la naissance dans les voies génitales de la mère. Après la naissance, le cerveau grossira encore treize ans pour atteindre, chez l'enfant, sa taille adulte. Aussi, à côté de notre patrimoine génétique qui met en place le programme essentiel de fabrique de toutes nos cellules, l'émergence de l'esprit, des connaissances et de la pensée va guider tous nos comportements et faire de chacun de nous un individu, c'est-à-dire un être unique. Peu de temps après le début de la grossesse, au 26e jour après la fécondation, dans l'embryon humain, alors de la taille d'un grain de riz, commence à s'ébaucher ce qui deviendra le cerveau. Une espèce de tube, appelé tube neural, s'étendant de l'avant vers l'arrière du corps, se développe ; prémisse du futur cerveau et de la moelle épinière. Dès qu'il se ferme, au 28e jour, les premiers neurones apparaissent, par des divisions cellulaires nombreuses à partir de la paroi de ce tube :

trois mille nouveaux neurones construits par seconde, soit 260 millions par jour, et ainsi jusqu'au milieu du cinquième mois, alors que le cerveau ne pèse que 70 g. On n'est pas loin du Big-bang puisque, jusqu'à l'âge de six mois, 90 milliards de neurones vont apparaître, c'est-à-dire autant que le nombre d'étoiles de la voie lactée.

Au milieu du quatrième mois de grossesse, le rythme de prolifération neuronale ralentit un peu mais continue jusqu'après la naissance, surtout dans le cervelet ! Les neurobiologistes ont identifié cet activateur si puissant de la formation des futures régions du cerveau : le gène Sonic hedgehog, du nom du petit hérisson sonique du jeu vidéo qui inspira un jour à un chercheur le nom de ce gène. Sous l'effet d'autres gènes activés pour favoriser la division des cellules, comme le gène NOTCH-1, chaque cellule précurseur prolifère activement et vingt cycles successifs se succèdent. Pour être sûr que le nombre final de neurones sera suffisant, le gène NUMB veille à assurer la production de cellules souches neuronales dans le cerveau. Chaque neurone migre dans une couche très fine, puis d'autres cellules vont coloniser une couche supérieure remplissant ainsi six couches successives sur l'épaisseur finale de 4 millimètres du cortex humain. Ce dernier commence à se former dès le début de la septième semaine de la grossesse et s'épaissit progressivement. Au fur et à mesure de la prolifération des neurones, un réseau se forme en trois dimensions et les premières connexions apparaissent, surtout au début dans le cortex moteur. C'est parti ! Les dendrites se forment et bourgeonnent à la surface des neurones et leur permettent de se connecter physiquement. Entre la septième semaine de grossesse et la troisième année de vie, de nouvelles connexions vont se créer sans cesse à un rythme impressionnant : plus d'un million par seconde ! La formation de ces connexions atteindra sa vitesse maximale entre un et trois ans.

Lorsque les câbles se forment !
Y a-t-il un âge de raison ?

Entre la vingtième semaine de grossesse et la naissance, le nombre de neurones augmente, mais à partir du cinquième mois, le volume du cerveau augmente surtout par la formation de gaines isolantes autour des axones ! L'électricien est arrivé et isole ces innombrables fils, puisqu'il y en a plus de vingt kilomètres à la naissance. Cette gaine est constituée d'une couche de myéline, une sorte de graisse qui donnera cette couleur à la substance blanche du cerveau. Ce dernier va passer de 70 à

400 g à la naissance, puis à 1 200 g à l'âge de six ans. La formation de ces gaines est assez rapide pour les gros axones, c'est-à-dire les plus gros fils électriques. Cependant, pour les fils très fins, la formation de ces gaines ne se terminera qu'au début de l'âge adulte. Les derniers fils qui obtiennent une gaine sont ceux du cortex préfrontal, là où se construit le cerveau de l'action et de la décision. Parmi eux, des neurones très fins développeront leurs connexions tardivement, entre quinze et vingt-cinq ans, comme ceux impliqués dans la neuromodulation, grâce auxquels on apprend à être raisonnable et à adapter son comportement. Cela peut sans doute expliquer la difficulté de prise de décision à l'adolescence et la maîtrise progressive de l'impulsivité au début de l'âge adulte. Finalement, on a l'âge de raison vers sept ans, mais on ne deviendra raisonnable que bien plus tard !

Un élagage indispensable des jeunes pousses !

Au début du septième mois de grossesse, il y a des milliards de neurones et les dendrites, ces petites branches minuscules qui s'arborisent à partir des neurones, ont poussé très vite. Résultat : il existe une surabondance de connexions. À ce stade, les neurones fonctionnent et certains circuits, stimulés déjà par l'environnement extérieur, se construisent. Dans cette jungle, d'autres connexions inefficaces vont disparaître par un mécanisme actif de mort cellulaire. Quand un individu atteint l'âge de quatre mois, c'est environ 30 milliards de neurones qui vont disparaître. On parlera alors de plasticité cérébrale, c'est-à-dire la destruction de certains neurones et l'apparition de nouveaux. C'est en examinant la structure du cerveau d'enfants autopsiés que Peter Huttenlocher mit en évidence ce phénomène en 1979.

Cela dit, cet élagage ne s'opère pas sur l'ensemble du cerveau au même moment. Ainsi, au quatrième mois, le maximum de connexions est atteint dans le cortex visuel alors que l'élagage des connexions inutiles se poursuit jusqu'à l'âge de trois ans. Par contre, dans le lobe préfrontal, la maturation est beaucoup plus lente : le maximum de connexions survient vers quatre ans, et l'élagage se poursuit vraisemblablement au-delà de l'âge de vingt ans. D'autres connexions se forment au fur et à mesure tout d'abord sous l'effet de stimulations auditives, puis, après la naissance, sous l'effet de stimulations visuelles et tactiles. Cette disparition de neurones génétiquement déterminée fait place au développement de connexions liées essentiellement aux stimulations sensorielles de l'environnement. Après la naissance, en quelques années, toutes les étapes de l'apprentissage reforment un très grand nombre de connexions qui, cette fois, resteront fonctionnelles toute notre vie.

En somme, puisque l'environnement et les stimulations sensorielles peuvent être différents d'un individu à un autre, il se façonne chez chacun d'entre nous un cerveau unique où des milliards de milliards de connexions modèlent notre pensée, notre comportement et notre ressenti. Donc tout est loin d'être dicté par nos gènes, et nous sommes, à ce point, tous extrêmement différents les uns des autres. Ainsi, le cerveau du fœtus n'évolue pas en vase clos. Si la génétique dicte les grandes phases du programme d'organisation des régions du cerveau, c'est l'environnement qui module et perturbe considérablement ce programme ! Tels les doigts habiles du sculpteur qui transforment une statue sans âme en un corps si réel, la nature « sent » quelles modifications apporter aux connexions des neurones en fonction des stimulations de l'environnement, pour leur apporter une fonction si précise qu'elle sera mémorisée et utilisée tous les jours.

Quand on oublie ce qui se passe avant l'âge de trois ans : un trou noir naturel !

L'élagage des nombreuses connexions inutiles qui disparaissent à la fin de la grossesse et chez le jeune nourrisson s'accompagne de la perte de certaines informations qui correspondent à la fragilité de différents circuits neuronaux. Petit à petit, alors que les axones acquièrent une gaine d'isolant, les circuits de neurones vont s'établir durablement. L'enrobage de ces fils électriques miniatures démarre à la base du cerveau et atteindra progressivement les neurones du cortex. C'est pour cette raison que se forment des réflexes archaïques qui disparaissent après l'âge de deux mois comme le *grasping*, réflexe naturel du nourrisson à fermer sa main sur notre doigt, ou encore le réflexe de marche automatique. Par la suite, les neurones moteurs auront des fils correctement gainés et fonctionneront de façon à permettre au nourrisson d'acquérir les mouvements volontaires qui s'inscriront définitivement dans le cerveau, comme la marche. De même, les souvenirs durent environ une semaine chez un bébé d'un mois et plus longtemps chez un jeune enfant de dix-huit mois. Ainsi, les neurones impliqués dans le stockage et le mécanisme de la mémoire fonctionnent mieux et s'entourent de myéline progressivement, ce qui explique en grande partie pourquoi on ne possède à l'âge adulte presque aucun souvenir des événements de notre vie avant l'âge de trois ans.

De la naissance à l'adolescence : le grand apprentissage commence

Avant les avancées obtenues par les observations d'imagerie du cerveau, les chercheurs pensaient que les connexions des neurones étaient définitives avant l'âge de douze ans. Observant qu'à six ans, le cerveau a une taille presque égale à celle d'un adulte, certains prétendaient même que tout était façonné ! Ainsi, un éducateur américain, le docteur Fitzhugh Dodson, publia son livre *Tout se joue avant six ans*. C'est sans doute vrai pour l'apprentissage et l'assimilation précoces des bases d'une éducation solide, mais à cet âge-là, la formation du cerveau n'est pas terminée : beaucoup de changements à venir vont lui permettre de s'adapter et de parvenir à sa pleine maturité après l'âge de six ans.

Le groupe de Jay Giedd, du département d'imagerie cérébrale à l'hôpital de Bethesda, a d'ailleurs démontré que le développement des synapses et la formation des gaines des axones se poursuivaient au moins jusqu'à l'âge de vingt-cinq ans. Les neurones continuent activement de se connecter en projetant leurs axones à la recherche de contacts avec les cellules voisines pour transmettre leurs signaux. Le cerveau connaît alors des phases successives de formation et d'élagage de connexions entre ses neurones. Chaque vague correspond à une période critique du développement au cours de laquelle seront facilitées différentes formes d'apprentissage telles la marche, la préhension des objets, le langage, la lecture, etc. Lors de l'acquisition de la marche, le bébé essaye, tente, recommence. On le tient, on l'aide on le stimule : on est stupéfait de son envie et de ses mouvements. Ainsi, entre le cortex moteur, le cervelet, responsable de la coordination fine des mouvements et les muscles s'établit une configuration très précise d'exécution de la marche. La formation des synapses est quasiment préétablie et leur fonctionnement dépend de l'attente de l'expérience. Même si on le stimule peu à marcher, le bébé de neuf ou dix mois fait lui-même ses propres expériences pour tenter de marcher.

Pour acquérir une activité motrice fine, le cerveau subit différentes phases de maturation, principaux stades du développement de l'enfant selon Piaget. Ainsi, le stade sensori-moteur qui s'étale de la naissance à deux ans environ, se caractérise par un développement rapide des connexions dans les régions impliquées dans le contrôle des activités motrices. Le contact que l'enfant entretient avec les objets et le monde qui l'entourent dépend des sensations qu'il éprouve et des mouvements qu'il essaye, transforme et expérimente. Par exemple, l'enfant qui commence à manger en portant la cuillère à sa bouche n'est pas très précis à l'âge de cinq mois dans ses mouvements. À ce moment, et assez rapidement, ce sont les neurones du cervelet qui parviennent à développer toutes leurs capacités. Or le cervelet est un véritable filtre qui régule, élimine et corrige les influx nerveux qui vont commander tous les mouvements. Dans le même temps, des progrès rapides seront observés dans la capacité du nourrisson à évaluer la distance d'un objet pour l'attraper, ou encore dans le contrôle de la posture, de la station assise, prémisses du développement moteur qui initiera la marche.

Ainsi, le développement des connexions dans le cortex moteur qui ne représente que 4 % de la surface du cerveau est fortement influencé par la maturation assez lente du cervelet et de son rôle majeur dans le contrôle de l'exécution fine des mouvements. Le bébé de deux mois ne prend un objet que lorsqu'il le touche. À quatre mois, la coordination entre la vue et la capacité à saisir l'objet est acquise, avant que n'apparaisse la préhension volontaire de l'objet à cinq mois. Finalement, la maturité quasi complète du cervelet est atteinte vers l'âge de neuf mois, avec la capacité de faire passer un objet d'une main à l'autre et d'acquérir la pince entre le pouce opposé aux autres doigts. En effet, le cervelet contient plus de 60 milliards de neurones, et certains de ses neurones peuvent se connecter à cent mille autres ! Donc il faut du temps pour que ces connexions soient pleinement développées.

Le deuxième exemple type d'apprentissage est l'acquisition du langage. Ici, la formation des synapses dépend de l'expérience mais ne l'attend pas. C'est par l'exposition à l'environnement sensoriel de sa mère et aux sons entendus par le futur bébé, que le langage se forme, déjà très tôt *in utero*, par l'assimilation des phonèmes, puis des syllabes. Cependant, avant de prendre nos bébés pour de futurs singes savants, il faut rappeler que la richesse du développement des connexions neuronales dans les trois premières années de la vie dépend d'abord du degré d'interaction du bébé avec son entourage. Ainsi, dans les deux premières années, la communication avec la mère et l'entourage est primordiale, et la qualité des soins maternels et de la tendresse donnée au nourrisson conditionne une meilleure distribution des connexions dans le cerveau, notamment dans la partie qui régit les émotions. Chez l'humain, le nourrisson a besoin d'une expérience prolongée pendant laquelle il entend les sons et leur associe une signification, une sorte de codage qu'il retient progressivement.

Il sera capable de discriminer un grand nombre de sons et cette capacité peut se maintenir jusqu'à l'âge de sept à huit ans.

Mais il existe des phases critiques particulières où les capacités d'apprentissage varient. De ce fait, à l'âge de quatre mois, tous les bébés distinguent facilement la prononciation du « r » de celle du « l » ; mais à l'âge de six mois, les bébés japonais ne distinguent plus ces deux lettres, et développent une préférence nette pour les phonèmes de leur langue maternelle. Parfois, on voit des programmes proposer des stimulations d'acquisition du langage chez les bébés par l'utilisation de DVD dès l'âge de trois mois. En 2007, le groupe de Andy Meltzoff a démontré que de tels programmes ou l'excès de télévision avant l'âge de deux ans ralentissaient de 17 % l'acquisition du langage. Ce type de tâche de fixation du bébé devant un écran ne stimule pas le langage et perturbe ses capacités de concentration. En effet, les bébés doivent d'abord emmagasiner avant de parler. Il faut donc communiquer avec eux spontanément dès la naissance et leur parler souvent et simplement. Bref, passer du temps à échanger et à jouer avec eux reste le meilleur moyen pour assurer un développement harmonieux du langage et de nombreuses capacités mentales.

Comment le cerveau apprend-il à utiliser le langage ? Cet apprentissage est identique dans toutes les cultures, même si les langues sont différentes. Si les bébés passent de la vocalisation au babillage à l'âge de six mois, à dix-huit mois, ils comprennent environ deux cents mots et sont capables d'en prononcer quelques dizaines. Au début du processus, l'enfant entend et mémorise des sons, phonèmes et syllabes, ce qui active le lobe temporal gauche, entraînant une organisation de connexions très actives entre les aires auditives situées dans le lobe temporal et les aires du langage. Parler et comprendre un langage signifie non pas séparer tous les mots mais interpréter une suite de mots qui donnera un sens à une phrase. Les mille premiers mots appris vers l'âge de quatre-cinq ans sont construits à partir d'un faible nombre de sons et assimilés de manière statistique. L'enfant apprend, en effet, que certaines combinaisons de sons sont plus probables que d'autres et parvient à maîtriser l'utilisation des syllabes. Par exemple, dans la phrase « mon petit chéri », le groupe de syllabes « monpe » n'est pas perçu comme un mot alors que « chéri » est bien compris.

Pour comprendre le concept de séparation des mots, les enfants exploitent l'intonation et la mélodie de la parole. D'où le rôle important de la phonétique. Des expériences ont démontré que les bébés anglophones découpent plus facilement les mots qui débutent par une syllabe accentuée. Cette dernière, où se concentre l'intonation phonétique, permet d'attirer l'attention auditive et facilite le découpage des mots et donc leur apprentissage. De même, plus tard, lorsque l'enfant commence l'apprentissage d'une langue étrangère, entendre la langue parlée trop rapidement lui apparaît incompréhensible parce qu'il a du mal à situer le moment où un mot se termine et où le suivant commence. Pour ce qui est de la grammaire, en général, la meilleure période pour l'acquérir s'échelonne sur la période scolaire de six à dix ans. Si l'apprentissage démarre plus tard, les acquisitions sont plus difficiles car à partir de cet âge, alors que l'hémisphère gauche et le lobe temporal fonctionnaient de façon prédominante, la sémantique et la construction des phrases utilisent plus facilement les deux hémisphères, alors même que leurs connexions ne sont pas complètement établies.

Des périodes critiques pour apprendre les langues

La capacité qu'a un enfant à manier les syllabes et les mots démarre, semble-t-il, très tôt dans la vie intra-utérine. Ainsi, la parole de la mère est essentielle pour préparer la maturation du futur centre du langage du cerveau de son fœtus. C'est cette voix qu'il entend le mieux car la perception des sons lui parvient par le biais de vibrations corporelles à travers le diaphragme maternel et par voie aérienne puisque les ondes sonores extérieures pénètrent à travers le ventre maternel. Des neurobiologistes ont pu démontrer qu'après douze heures de vie, le nouveau-né préférait écouter la voix de sa mère que celle d'autres femmes, simplement en enregistrant la régularité du réflexe de succion. De plus, le nouveau-né écoute plus attentivement une histoire lue par sa mère lorsque ce texte l'avait été plusieurs fois au cours des deux derniers mois de la grossesse que s'il ne l'avait jamais entendu auparavant. Parmi les éléments du langage de sa mère que le bébé mémorise le mieux, on observe la mélodie et le rythme des mots, base de son aptitude future à apprendre les langues.

Le développement du cerveau : rôle des hormones

De nombreuses hormones exercent leur effet sur le cerveau. On connaît l'hormone de croissance qui nous fait grandir si rapidement à l'adolescence, mais que se passe-t-il dans le cerveau ? Des hormones interviennent dans le développement fœtal et dans la maturation des connexions neuronales, telles les hormones thyroïdiennes et les hormones sexuelles. Les premières, qui contiennent de l'iode, sont les plus indispensables au développement du cerveau. Au cours de la grossesse, surtout avant la fin du troisième mois, le fœtus profite uniquement de la production d'hormones thyroïdiennes de sa mère avant que sa propre glande thyroïde ne fonctionne. Depuis 1955, les médecins ont clairement démontré qu'un déficit en hormones thyroïdiennes, souvent provoquées par un manque d'iode dans l'alimentation, était responsable d'un retard mental lié à un trouble du développement des neurones du cerveau. En effet, le récepteur de ces hormones en l'absence d'hormone bloque la différenciation des neurones liée à l'effet de facteurs de croissance. Ainsi, si la carence en iode est importante, le bébé naîtra avec un retard mental parfois important, d'où le nom de « crétinisme » attribué à cette maladie. Pour éviter cette carence, l'Organisation mondiale de la santé a rendu obligatoire l'ajout d'une faible quantité d'iode (100 mg/kg) dans le sel de cuisine. Cela permet un apport régulier d'environ 150 microgrammes d'iode par jour, une quantité suffisante pour assurer la fabrication de ces hormones par la glande thyroïde.

De l'adolescence au jeune adulte : du remodelage à l'élagage

Après l'âge de six ans, le cerveau grossit encore pour atteindre son volume maximum au début de la puberté, soit à environ treize ans. Cette augmentation est surtout liée à l'augmentation de la formation des gaines isolantes des neurones, la myéline. Finalement, du début de la puberté à la fin de l'adolescence vont se produire de profondes modifications des connexions neuronales correspondant à l'acquisition de cette maturité propre à cette période. Mais cette période est un atout puisqu'elle correspond le plus souvent à une période de créativité, de génie, de joie de vivre, mais aussi souvent d'insouciance, de fragilité émotionnelle et parfois de doute dans la prise de décisions. En effet, le cerveau se forge en période de pleine modification de connexions neuronales. Cela s'explique par une phase assez longue de plasticité cérébrale qui s'échelonne jusqu'à l'âge de dix-huit ans environ. Après la grossesse, c'est donc la deuxième phase d'élagage importante des connexions. En six ans, le cerveau va perdre 30 g, un peu par élimination de neurones et surtout par un phénomène d'élagage de nombreuses connexions inutiles. Ces modifications vont affecter le striatum, région impliquée dans le circuit de la récompense, et l'épiphyse, impliquée dans la régulation du sommeil. Chez les adolescents, l'endormissement se décale progressivement et la durée du sommeil raccourcit. Deux régions essentielles du cerveau subissent également un remaniement important de leurs connexions : le cerveau limbique, c'est-à-dire le cerveau des émotions et, plus tardivement, souvent à la fin de l'adolescence et jusqu'à l'âge de vingt-cinq ans, le cerveau préfrontal, impliqué dans la prise de décisions et la planification de l'action.

Pendant cette phase très plastique, le gainage des fibres nerveuses s'active fortement : en adoptant une gaine isolante, les impulsions électriques de l'influx nerveux deviennent très efficaces et la transmission entre les régions du cerveau passe de 1 m par seconde à 100 m par seconde : c'est comme si on faisait passer son ordinateur au haut débit. Grâce à l'imagerie cérébrale, les différentes phases de la maturation cérébrale de l'enfance à l'âge adulte ont été caractérisées. Les modifications du comportement chez l'adolescent correspondent à des modifications des connexions neuronales qui vont modeler considérablement les régions cérébrales indispensables au comportement social. Alors que des neurones disparaissent dans le temporal, le striatum et le cortex préfrontal, de nouvelles connexions se reforment progressivement, surtout entre le cerveau limbique et le cortex frontal, mais aussi entre le striatum et le cortex frontal.

Ces modifications expliquent cette véritable mue du comportement si souvent observée chez les adolescents. La perception et l'interprétation des émotions sont exacerbées et on observe une instabilité émotionnelle. La modification de la connectivité entre le lobe frontal et le striatum se traduit par une grande spontanéité et une impulsivité. De même, on observe une recherche souvent active de sensations nouvelles et une accentuation de la prise de risque. En effet, l'immaturité du cerveau de la décision, le lobe frontal, rend plus aiguisé le fonctionnement du circuit de la récompense, ce réseau qui relie directement l'envie, ou désir, à l'obtention du plaisir, c'est-à-dire de la récompense.

De plus, l'activation encore mal régulée du lobe frontal entraîne assez souvent une diminution de la capacité de jugement et d'évaluation des conséquences négatives de certains actes. La diminution de l'effet inhibiteur de certains réseaux neuronaux se traduit souvent par une forme d'excessivité, d'égocentrisme, d'invulnérabilité. Là aussi, la diminution de connectivité entre le striatum et le cortex frontal, de même qu'une modification de l'expression de nombreux neurotransmetteurs, explique ces modifications comportementales. Cette plasticité des neurones responsable de ces changements est aussi renforcée par l'effet des hormones sexuelles dont le taux augmente fortement dès le début de la puberté.

Ces modifications vont imprégner le cerveau cognitif, les émotions et les comportements pour tout le reste de la vie. En réalité, l'essentiel de la différenciation sexuelle du cerveau s'est déjà effectué pendant la vie fœtale. Ces hormones vont surtout façonner, lors de la puberté, la maturation des circuits neuronaux qui fonctionnent avec ces fameuses clés chimiques : les neurotransmetteurs. Chez les adolescents, les circuits qui utilisent la dopamine, cette clé de l'envie et du désir, sont moins bien régulés que chez l'adulte. Des neurones régulateurs apparaîtront en fin d'adolescence pour réduire l'impulsivité et pour moduler les effets de la dopamine sur le lobe frontal. De même, la testostérone agit sur l'amygdale et le cerveau des émotions en renforçant l'agressivité. Le développement de nouvelles connexions favorise également l'expression de très nombreux récepteurs de la sérotonine. Cette clé chimique, sans doute responsable d'une forme de sérénité, est encore peu active chez l'adolescent. Dans certaines régions comme l'amygdale et le circuit de la récompense, elle exerce encore mal son effet apaisant et modulateur du fonctionnement des neurones. Cela explique sans doute partiellement ces phénomènes d'instabilité émotionnelle observée à cette période de l'adolescence.

Pour observer tous ces changements dans le cerveau, l'équipe de Nitin Gogtay a observé au scanner cérébral l'évolution de l'épaisseur du cortex chez treize enfants depuis l'âge de quatre ans jusqu'à l'âge de vingt et un ans, en pratiquant un examen tous les deux ans. On observe que le remodelage des connexions commence entre quatre et huit ans dans le cortex moteur et le cortex sensoriel, accompagné d'un élagage important des neurones. Aux alentours de la puberté, la perte de neurones concerne les régions impliquées dans l'orientation spatiale et la maîtrise du langage : ce n'est donc pas une période optimale pour démarrer l'étude d'une nouvelle langue. À la fin de l'adolescence, c'est le cortex préfrontal qui s'affine et est soumis à un remodelage, là où siègent les fonctions cognitives supérieures : les capacités de raisonner et de planifier ses comportements.

Le cerveau adulte : construit, il s'adapte et change encore

L'inné ne représente plus qu'une faible part du fonctionnement cérébral, puisque dès le stade adulte, même si l'essentiel des circuits neuronaux est en place, existe encore ce mystère de l'adaptation du cerveau à l'environnement, c'est-à-dire aux conditions de vie et au vécu de chacun. Ainsi, si le patrimoine génétique de chaque humain est unique, les milliers de milliards de connexions qui se construisent dans le cerveau dépendent essentiellement de l'effet de l'environnement : l'éducation, la relation sociale, le stress et l'apprentissage. Ne dit-on pas : « J'ai souffert, mais je m'en suis sorti ! », ou encore : « Je me battrai » ? Ces réactions démontrent que la lutte pour vivre s'est parfaitement intégrée dans l'espèce humaine à l'organe le plus spécialisé et le mieux adapté de tous : notre cerveau.

Le cerveau remodelé pour chanter

C'est à partir de l'étude du chant du canari mâle fortement stimulé par la testostérone que l'équipe de Fernando Nottebohm de l'université Rockefeller à New York a pu observer, en 1980, une augmentation de volume du centre vocal (équivalent du centre du langage) dans le cerveau de ces petits oiseaux. Grâce à des techniques de marquage des noyaux des cellules, il a ensuite été démontré que cette augmentation de volume était liée à l'apparition de nouveaux neurones formés à partir de cellules précurseurs immatures, capables de se diviser, puis de se spécialiser en neurones. C'est ce que les biologistes ont appelé la « neurogenèse ». D'autres travaux ont ainsi permis d'observer le même phénomène dans le cerveau humain.

En effet, à l'âge adulte, une fois entré dans la vie active, il faut s'adapter en permanence à de multiples situations. Arrivé à maturité à l'âge de vingt-cinq ans, le lobe préfrontal, siège principal de la pensée et de l'exécution de nos actions, est en pleine possession de ses moyens. Pour s'adapter à ces multiples nouvelles situations, le cerveau a de la ressource. En effet, il est capable de fabriquer de nouveaux neurones tout neufs générés à partir de cellules précurseurs localisées dans l'hippocampe et la paroi des ventricules du cerveau. La fabrication de ces nouveaux neurones peut continuer jusqu'à la mort, même lorsqu'on est très âgé. L'hippocampe est un petit repli du cortex évoquant la forme de l'animal marin et situé à l'extrémité du lobe temporal. Les ventricules du cerveau sont de petites cavités remplies de liquide et situées au centre du cerveau.

Pour faciliter l'adaptation quasi permanente du cerveau à son environnement, l'être humain, comme de nombreux animaux, doit adapter son comportement. Il peut apprendre sans cesse en découvrant de nouvelles circonstances de la vie auxquelles il doit faire face en adaptant son comportement le mieux possible afin de réagir au mieux, c'est-à-dire s'en sortir ! Dans l'hippocampe, les nouveaux neurones vont réguler les circuits existants et permettre une amélioration de l'apprentissage et de la mémoire. Dans les parois des ventricules, les neurones nouvellement formés vont migrer progressivement vers le cortex et s'intégrer aux circuits existants. Cette neurogenèse est stimulée par l'apprentissage et par l'exercice physique, mais inhibée par le stress et aussi lors des phases d'anxiété et de dépression. En quelque sorte, le cerveau cherche à se réparer en formant de nouveaux neurones, même si le nombre de ces nouveaux neurones reste limité. Ainsi, peu de nouvelles cellules se renouvellent dans le cortex et c'est sans doute pour cette raison que l'on peut y « stocker » de vieux souvenirs et conserver jusqu'à sa mort les principaux traits de sa personnalité. Chez l'homme, cette neurogenèse a pour rôle essentiel de consolider la mémoire en exportant les souvenirs qui seront stockés dans d'autres régions du cortex pour les transformer en souvenirs solides et ainsi faire de la place dans l'hippocampe pour mémoriser rapidement des événements récents. Ces nouveaux neurones ont surtout un effet modulateur ou régulateur des neurones qui s'activent en permanence : en quelque sorte, ils ménagent nos méninges pour éviter à notre pensée de s'user trop vite. Ils permettent surtout de consolider un comportement décisionnel qui sera le mieux adapté à une situation connue et déjà vécue.

La plasticité du cerveau des musiciens !

Il est maintenant prouvé que l'apprentissage et le changement d'activité vont déclencher un phénomène de plasticité cérébrale nous permettant de nous adapter à une nouvelle tâche. Prenons l'exemple des enfants qui apprennent la musique. Dix à quinze mois après le début des leçons, les neurobiologistes observent des modifications d'épaisseur du cortex moteur et la formation de nouvelles connexions entre l'aire auditive et les aires motrices. De même, chez les violonistes, la surface du cortex moteur qui commande la main gauche est plus large, que celle de la main droite ; et l'augmentation de surface est plus forte encore pour l'auriculaire, plus mobilisé que le pouce sur le manche du violon. Ce type d'observation est également retrouvé lors de différents types d'apprentissage. Il témoigne de l'adaptation de notre cerveau à son environnement.

Dans cet enchevêtrement immense de fils minuscules se trame le cheminement de nouvelles connexions qui, lorsqu'on en a besoin, permettront donc au cerveau d'adapter le fonctionnement de ses neurones. Le destin n'est pas inscrit dans notre cerveau du fait de ces modifications des connexions qui expliquent la plasticité cérébrale. À travers les années de la maturité, cette plasticité peut sans cesse être fortement stimulée lors de changements de notre style de vie personnelle ou professionnelle. Les capacités cognitives sont à leur maximum et pourtant, il existe des différences dans nos capacités mentales. Nous verrons dans le chapitre suivant qu'à travers l'apprentissage, le perfectionnement de nos aptitudes cognitives et nos capacités relationnelles, l'intelligence exprime toutes ses facettes.

Chapitre 3

Les facultés multiples du cerveau

> *« Il fallait s'enquérir qui est mieux savant, non qui est plus savant. Nous ne travaillons qu'à remplir la mémoire, et laissons l'entendement et la conscience vides. »*
>
> Montaigne

Pour Montaigne, le savoir importe moins que ce que l'on en fait. Cela traduit cette faculté particulière du cerveau à faire fonctionner ensemble différentes régions du cortex qui vont coordonner notre comportement et donc notre façon de réagir à une situation donnée. La mémoire est donc bien complémentaire du raisonnement. Finalement, le raisonnement, l'apprentissage et la capacité à résoudre des problèmes sont les principales clés de l'intelligence. Carl Bereiter définit d'ailleurs l'intelligence comme « ce que vous utilisez lorsque vous ne savez pas comment faire... ».

L'imagerie du cerveau et le projet « connectome » humain

Les techniques d'imagerie du cerveau sont de plus en plus utilisées par les scientifiques pour explorer le fonctionnement du cerveau. La première d'entre elles, dont nous parlons souvent dans cet ouvrage, est l'IRMf pour imagerie par résonance magnétique fonctionnelle ; comment ça marche ? On utilise les propriétés de l'hémoglobine du sang qui contient du fer pour perturber un champ magnétique qui traverse le cerveau. Lors de l'activation d'un réseau de neurones, la région du cortex activée consomme un peu plus d'oxygène, ce qui entraîne une augmentation du flux sanguin à cet endroit. Cet afflux de sang et donc d'hémoglobine est ainsi détecté. La deuxième technique de plus en plus utilisée, surtout pour visualiser indirectement le trajet des fibres nerveuses dans le cerveau, est l'IRM du tenseur de diffusion ou IRM DTI. Son principe consiste à mesurer les mouvements microscopiques des molécules d'eau. Dans une fibre, le déplacement de ces molécules est orienté dans une direction donnée et plus limité qu'à l'extérieur des neurones. Cela permet aux images obtenues de reconstituer une cartographie du trajet des fibres nerveuses et des connexions entre les différentes aires du cerveau.

En utilisant des images obtenues chez plusieurs centaines d'individus dans plusieurs centres d'imagerie cérébrale répartis dans différents pays, le projet « connectome » vise à réaliser un catalogue de la visualisation des connexions multiples correspondant à une fonction mentale simple, au lieu de se focaliser sur un ou deux centimètres carrés comme peut le faire l'IRMf simple. Ce projet traitera et regroupera des milliers d'images pour pouvoir réaliser à terme une carte complète des connexions neuronales du cerveau.

Les différentes formes d'intelligence

L'intelligence regroupe de multiples capacités mentales et notre cerveau combine de façon simultanée plusieurs fonctions. Ces fonctions mentales correspondraient à différents niveaux qui s'organisent de façon hiérarchique entre eux. C'est en tout cas la théorie dite « CHC », en référence à leurs auteurs Cattell, Horn et Carroll, pour qui il existe trois strates d'organisation de l'intelligence : la strate I correspond à un niveau de capacité limitée à une tâche donnée comme le calcul, la strate II est l'intelligence large comme la capacité à communiquer en utilisant la syntaxe et le langage ; et la strate III correspond à l'intelligence générale. Cette dernière regroupe d'ailleurs l'essentiel de nos capacités mentales, celles utilisées par la plupart de nos fonctions cognitives et mise en œuvre pour faire face à la grande majorité des situations de notre existence. Le psychologue américain Howard Gardner, quant à lui, considère que le cerveau possède huit formes multiples d'intelligence complémentaires. Elles concernent le langage ; le calcul, c'est-à-dire le raisonnement logique ; l'intelligence spatiale, c'est-à-dire la capacité à s'orienter ; l'aptitude à avoir une oreille musicale ; la capacité à être adroit ; la capacité à comprendre les autres ; l'aptitude à se comprendre soi-même ; et enfin l'intelligence naturaliste ou capacité à reconnaître, classer et utiliser ses connaissances sur l'environnement.

Existe-t-il des bases biologiques de l'intelligence ? Où siègent la pensée et le raisonnement ?

Plusieurs études menées par imagerie du cerveau indiquent une activation particulière du cortex préfrontal et de différentes aires du cortex localisées à divers endroits selon la ou les capacités mentales ou cognitives

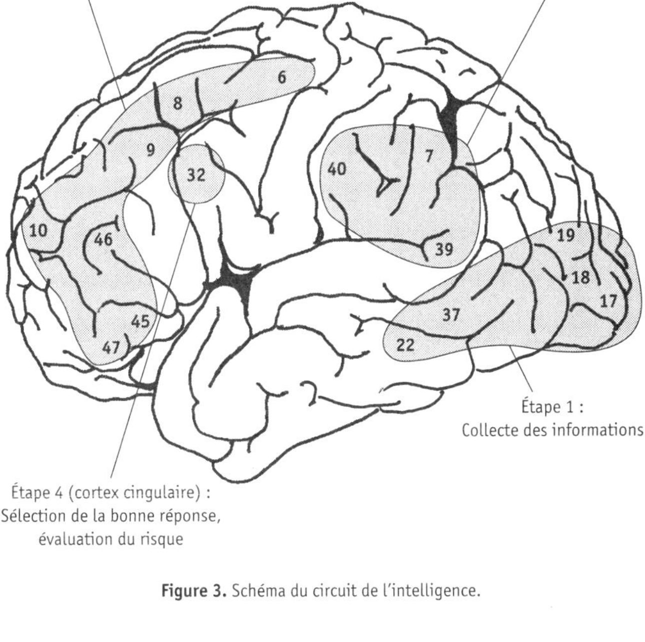

Figure 3. Schéma du circuit de l'intelligence.

Schéma du circuit de l'intelligence.

Le modèle proposé par Richard Haier est schématisé en 4 étapes successives établissant des connexions dans des aires bien précises. Étape 1 : les aires 17-19, 22 et 37 collectent les informations reçues de l'environnement :audition, vision, perception spatiale. Étape 2 : Les informations sont traitées dans les aires 7,39 et 40 pour être intégrées de manière abstraite. Étape 3 : Plusieurs aires du lobe frontal :6,8,9,10,45-47, évaluent les hypothèses et les solutions possibles (raisonnement). Étape 4. Les informations traitées par le lobe frontal sont envoyées au cortex cingulaire (aire 32) pour évaluer si le risque pris par le comportement à adopter est dangereux ou pas.

requises lors des tests de mesure de l'intelligence. Selon les observations de Richard Haier à l'université d'Irvine en Californie, il existe un véritable réseau de connexions bien individualisé chez ceux qui obtiennent de très bons résultats à ces tests. Ce réseau connecte le cortex préfrontal dorsal, le lobe pariétal, certaines régions du cortex temporal, impliquées dans le langage et la mémoire, ainsi que du cortex occipital, impliquées dans la vision. Le fonctionnement de ce réseau utilise plusieurs étapes : 1) les régions occipitales et temporales du cortex intègrent les perceptions visuelles et auditives de la situation rencontrée et se connectent au centre du langage ; 2) ces informations sont envoyées au cortex pariétal pour le début de la construction du raisonnement qui utilise d'abord une intégration abstraite ; 3) le cortex pariétal envoie ses informations au cortex frontal qui analyse et élabore une ou plusieurs solutions pour répondre à la situation rencontrée ; 4) le cortex cingulaire (situé dans le cerveau des émotions) analyse les solutions proposées par le cortex frontal et élimine celles qui seront trop risquées ou trop dangereuses. Par la suite, la décision d'agir est envoyée par le cortex frontal au striatum, qui commandera la mise en route de l'action motivée. Pendant la formation de ce réseau, la rapidité d'échange des informations entre ces différentes régions du cerveau est essentielle. À ce titre, l'efficacité du fonctionnement des neurones intervient dans la rapidité de la décision, un des paramètres observable dans les tests d'évaluation de l'intelligence. En effet, la vitesse de conduction électrique dans le cerveau est corrélée aux résultats des tests de mesure du QI. De plus, des neurones plus efficaces consomment un peu moins d'énergie.

Intelligence : des différences selon le sexe ?

S'il existe une différence de volume du cerveau entre l'homme et la femme, les performances intellectuelles mesurables par les tests d'évaluation de l'intelligence ne montrent aucune différence. Le volume cérébral est en moyenne de 8 % supérieur chez l'homme, mais l'organisation des connexions neuronales y est aussi efficace. En 2004, le groupe de Eileen Luders à l'université de Los Angeles démontrait par imagerie du cerveau que le cortex frontal et le cortex pariétal du cerveau féminin possèdent une surface et une organisation plus complexe que dans le cerveau masculin.

Un cerveau d'homme et un cerveau de femme

Plusieurs études d'imagerie cérébrale ont montré des différences de fonctionnement du cerveau entre hommes et femmes. Mais malgré les différences de structure et d'organisation, le fonctionnement des réseaux neuronaux aboutit à des performances identiques. Il existe une très bonne corrélation entre les résultats des tests de mesure du QI et l'épaisseur de la substance grise dans le cortex frontal et pariétal chez l'homme. Les connexions les plus actives s'établissent lors de l'exécution de ces tests entre les lobes frontaux (droit et gauche) et le lobe pariétal gauche incluant l'aire de Wernicke (aire n° 39) impliquée dans l'association et la compréhension des mots. Chez la femme, la corrélation maximale est obtenue avec l'épaisseur du cortex frontal droit et le lobe pariétal gauche incluant l'aire de Broca (aire n° 44), impliquée dans la faculté d'utilisation de la syntaxe et des mots, et le langage articulé. De plus, chez l'homme, dans les régions corticales du réseau activé dans le fonctionnement de l'intelligence, la substance grise est plus développée ; chez la femme, si ce volume est légèrement inférieur, celui de la substance blanche, et donc la densité des connexions, y est plus élevé que chez l'homme.

Intelligence : des différences génétiques et neurochimiques ?

De nombreuses études ont été réalisées pour identifier l'influence effective et significative des gènes sur les capacités mentales et l'intelligence en général. Une vaste étude d'association génétique réalisée en 2008 par le groupe de Lee Butcher, à l'institut de psychiatrie de Londres, n'a démontré aucune influence significative de quelques gènes sur les capacités d'intelligence. Toutefois, quatre gènes seraient associés à une variation observable de la mesure du QI, mais d'une valeur inférieure à 0,5 %, ce qui est vraiment très faible. D'autres études ont analysé différents paramètres, telle l'activation cérébrale du réseau cortical en imagerie mesurée par la consommation locale d'oxygène, lors de la réalisation de tests de mesure de l'intelligence.

Nous verrons plus loin que deux clés chimiques, la dopamine et la sérotonine, sont largement impliquées dans le fonctionnement du cortex préfrontal, notamment dans la prise de décision. Ces clés chimiques, vont activer la connectivité des neurones entre eux particulièrement entre le striatum, le cortex frontal et le cerveau émotionnel. La dopamine, clé chimique de l'envie, nous pousse à l'action et active notre comportement décisionnel. La sérotonine, quant à elle, joue le rôle de neuromodulateur et, en quelque sorte, s'oppose aux effets de la dopamine. Elle exerce donc un effet réducteur de notre impulsivité, allant parfois jusqu'à nous conduire à l'incapacité de décider.

L'activité du gène d'un enzyme qui inactive la dopamine après son action, la COMT, est impliquée dans la quantité de dopamine active dans le cortex frontal. L'activité de ce gène est corrélée aux performances cognitives. Une baisse d'activité de cet enzyme qui va augmenter le taux de dopamine du cerveau confère un avantage dans la vitesse de réalisation des tâches d'exécution des tests de mesure de l'intelligence. Un autre gène appelé SERT, est celui du transporteur cérébral de la sérotonine, une sorte de véhicule qui amène la clé aux cellules, et existe sous au moins deux variants. Le variant court dénommé S accentue chez ceux qui le possèdent l'attention, c'est-à-dire la réflexion sur les conséquences d'un comportement que l'on souhaite adopter. Par contre, ceux qui possèdent le variant long dénommé L portent moins d'attention aux conséquences de leurs gestes : ils foncent sans parfois évaluer au préalable les conséquences de leur comportement.

Intelligence : des réseaux multiples de neurones

Dans le cadre du projet « connectome humain », et grâce à l'apport de l'IRM et de la mesure de variations électriques de très faible fréquence, le groupe de Barhat Biswall, à la faculté de médecine de Newark, a pu, en 2010, colliger les résultats obtenus par trente-cinq centres d'imagerie ayant recueilli des observations sur 1 414 participants. Ils démontrent qu'environ vingt régions du cerveau, surtout réparties dans les lobes frontal, pariétal, occipital et temporal (cerveau limbique), se connectent d'une manière similaire chez tous les individus. Par contre, l'efficacité des connexions, c'est-à-dire de la vitesse de l'échange des informations entre deux ou plusieurs régions connectées, dépend de l'âge, du sexe et de certaines conditions mentales, comme l'étendue des connaissances, de l'état émotionnel ou du degré d'attention et de concentration. L'organisation et le nombre de ces réseaux est identique chez tout le monde, mais c'est l'efficacité du fonctionnement de ces réseaux qui serait corrélée à la diversité globale des capacités mentales, donc de l'intelligence. En résumé, les spécialistes distinguent la structure, c'est-à-dire la construction de la substance grise (c'est en somme le type de processeur d'un ordinateur), et la substance blanche, c'est-à-dire les fils qui connectent et établissent ces réseaux dont l'échafaudage est fortement dépendant de notre éducation pendant l'enfance. De plus, en fonction de nombreux facteurs, la vitesse des échanges de ces connexions sera variable d'un sujet à un autre.

Les enfants surdoués

Chacun connaît dans son entourage, un petit « génie », un enfant dont les capacités mentales sont inhabituelles et qui se fait repérer à l'école par la facilité avec laquelle il apprend, mémorise et résout les problèmes. Ces enfants « surdoués » ont un fonctionnement des réseaux neuronaux de l'intelligence plus performant que la moyenne et un score aux tests de mesure du QI qui dépasse 121.

Le groupe de Philip Shaw à l'institut de santé mentale du Maryland a tenté de percer ce mystère. L'étude de la maturation du cerveau par IRM réalisée chez trois cent sept enfants « surdoués », indique que chez eux, le cortex frontal atteint son épaisseur maximale plus tard que chez les autres enfants. Il est probable que la neurogenèse légèrement retardée permette l'établissement de connexions plus efficaces. Mais c'est surtout dans l'activation de ces connexions que l'intelligence de l'enfant va s'exprimer. C'est ce qu'a démontré le groupe de Manuel Desco, à l'université de Madrid, par imagerie fonctionnelle en comparant treize adolescents très doués en mathématiques à quatorze autres d'une capacité moyenne dans la résolution de tests mathématiques. On observe bien dans les deux groupes une activation importante d'un réseau fronto-pariétal incluant différentes régions du cerveau impliquées dans le raisonnement logique, les capacités d'abstraction et les capacités de construction d'images mentales visuo-spatiales. Chez les enfants « surdoués », le réseau fronto-pariétal droit est d'une surface plus grande que chez les enfants utilisés comme contrôles. Par ailleurs, il existe chez les surdoués une latéralisation plus forte de l'activation du côté droit du cerveau frontal.

En dehors des surdoués, il existe des cas d'intelligence exceptionnelle dont certains correspondent à ceux que les médecins appellent la synesthésie. Cette capacité mentale correspond à l'association automatique d'une sensation ou d'un objet mental à un autre mettant en jeu une sensation différente. Ce chevauchement de sensations est inné, héréditaire, et apparaît dès l'apprentissage des mots et des nombres. Environ 3 % de la population est atteinte de ce syndrome. Par exemple, l'évocation mentale de la lettre « R » donne immédiatement l'image de la couleur violette. Ces synesthésies ne perturbent pas toujours l'existence des sujets qui ont cette capacité singulière. Bien au contraire, elle leur permet le plus souvent de disposer d'une faculté de mémoire extraordinaire. C'est le cas de l'écrivain Daniel Tammet.

Les neurobiologistes tentent de découvrir les causes de cette étonnante capacité du cerveau. Elle correspond à des anomalies dans la formation des dendrites et des axones. Au moment de la formation des synapses, dès la période fœtale, le guidage qui permet à un axone de se diriger vers un neurone ou un autre semble modifié. Certains neurones envoient des prolongements en dehors de leur trajet habituel pour se connecter avec une aire voisine, dont la fonction est distincte. Ces anomalies seraient liées à des altérations du fonctionnement des gènes contrôlant le guidage des axones, et donc des connexions, et sans doute aussi à une modification des phénomènes d'élagage des ramifications neuronales conduisant à un excès de connexions entre les neurones.

Daniel Tammet : le génie des nombres

Daniel Tammet, âgé de trente-quatre ans, a été désigné comme l'un des cent génies vivants. Il a des facultés de synesthésie, une forme de chevauchement des sensations, qui lui permet de visualiser les mots et les nombres en les associant sans effort à une forme et à une couleur. Il possède des capacités mentales hors du commun, en calcul et en langues. Il parle parfaitement douze langues et a appris l'islandais en moins d'une semaine. Sa fascination pour le nombre pi est étonnante, mais il ne maîtrise pas l'algèbre. En 2004, il a battu le record de récitation des décimales du nombre pi en en énumérant 22 514 sans faute en une durée de cinq heures. Il s'est dit plus impressionné par les émotions des spectateurs que par sa prouesse. Il a rédigé son autobiographie intitulée *Je suis né un jour bleu* en 2009. Il considère qu'il est davantage dans la littérature mathématique que dans les maths (extrait du *Monde science et techno*, janvier 2013).

La mémoire et les mémoires

Les capacités mentales liées à l'intelligence dépendent fortement de nos capacités cognitives et des performances de notre mémoire. Si le raisonnement et la planification de l'action sont liés à un réseau fronto-pariétal, les capacités de la mémoire dépendent surtout d'un réseau pariéto-occipital. La capacité à mémoriser et à conceptualiser différents objets mentaux dépend de différents types de mémoire. Il est incontestable que la capacité de mémoire favorise nettement la capacité d'intelligence globale. La mémoire est la fonction du cerveau qui permet d'enregistrer, de rappeler et de stocker des informations.

Ces informations peuvent représenter des constructions mentales inconscientes, qui définissent la mémoire implicite, relevant d'un processus automatique, qui résulte de l'expérience, comme lacer ses chaussures par exemple. À l'opposé, beaucoup d'informations sollicitent un effort de la conscience et définissent la mémoire explicite, lorsque l'on recherche un souvenir particulier par exemple.

Selon Endel Tulving, grand spécialiste de la mémoire de l'université de Toronto, notre mémoire est organisée en cinq systèmes de réseaux neuronaux. Localisé dans le cortex préfrontal, le premier type est la mémoire à court terme ou mémoire de travail. C'est celle utile au serveur pour se souvenir pendant quelques minutes des commandes des clients. Elle est souvent utilisée pour faire un calcul mental rapide mais ne peut emmagasiner qu'une petite quantité d'informations. Quatre autres systèmes utilisent une mémoire à long terme : 1) la mémoire épisodique conserve les faits importants de notre vie liés à un contexte particulier et est surtout localisée dans l'hippocampe ; 2) la mémoire procédurale enregistre des gestes appris, comme enfiler une veste, qui deviennent automatiques au fil du temps ; 3) la mémoire sémantique stocke des connaissances générales sur soi-même et sur le monde qui nous entoure ; 4) enfin, la mémoire perceptive nous rappelle les sensations dont on a fait l'expérience comme l'odeur du muguet, par exemple. Ces cinq types de mémoire utilisent différentes régions du cerveau dont le lobe préfrontal, l'hippocampe, le lobe temporal, mais aussi différentes régions impliquées dans les perceptions sensorielles.

De quelle manière les souvenirs sont-ils conservés dans notre cerveau ?

L'enregistrement prolongé des informations fait appel à des mécanismes de renforcement et d'effacement des communications neuronales tels que l'ont démontré les travaux d'Eric Kandel de l'université de Columbia, spécialiste mondial des mécanismes de la mémoire à long terme. Ce chercheur a longuement étudié et décrit le phénomène de potentialisation à long terme qui permet de renforcer les communications entre les neurones et ainsi de consolider l'événement ou l'objet mémorisé. Si deux neurones se connectent, la force de la communication augmente si leur activité est synchronisée, c'est-à-dire si les influx qui les activent se succèdent très rapidement. À terme, un stimulus, même très faible, entraîne une efficacité très élevée de la communication des neurones du réseau. Pour éviter l'emballement du système, existe à l'opposé un phénomène inverse de dépression à long terme qui correspond à une diminution de communication entre les neurones caractéristiques de l'oubli.

Le parcours d'un souvenir

La mémorisation d'un souvenir s'organise en trois étapes essentielles : l'encodage, la consolidation et la remémoration du souvenir. L'image du souvenir, par exemple celle d'un paysage d'une plage, est d'abord encodée sous différents éléments à partir du cortex visuel vers le cortex temporal et l'hippocampe. Puis le souvenir de cette image est consolidé, c'est la deuxième étape. Elle met en jeu un renforcement des connexions, c'est-à-dire de la communication des neurones entre le cortex temporal et l'hippocampe. La troisième étape, qui peut survenir plusieurs années plus tard, va raviver ce souvenir d'une plage vécue lors des vacances. C'est alors l'hippocampe qui réactive le cortex temporal puis le cortex visuel pour recréer cette sensation d'image d'une plage d'été.

L'oubli et le sommeil, nécessaires à la mémoire

De nombreux neurobiologistes ont maintenant confirmé qu'une nuit de sommeil après avoir appris une leçon de classe était indispensable pour la retenir. Pendant la journée, les phénomènes de potentialisation à long terme des synapses activent le processus d'apprentissage et de mémorisation. La nuit suivante, pendant les phases de sommeil lent et profond, surviennent des ondes électriques lentes qui activent le phénomène de dépression des communications neuronales de l'hippocampe. Cette diminution de l'efficacité des connexions facilite l'oubli des éléments inutiles de la leçon mémorisée. Ensuite, environ cinq fois par nuit, surviennent les phases de sommeil paradoxal correspondant aux périodes de rêve où des ondes électriques plus rapides stimulent le renforcement de l'efficacité des connexions et ainsi consolident l'apprentissage. Une variété d'examen d'imagerie montre que plus l'activité de l'hippocampe est forte pendant le sommeil, meilleure est la mémorisation de la leçon. Pendant le sommeil lent, un tri s'opère entre les éléments à retenir et ceux qui seront oubliés. De même, les informations à consolider sont transférées depuis l'hippocampe vers le cortex temporal et frontal où elles seront stockées. De façon intéressante, si on prive un individu de sommeil quelques heures après l'apprentissage d'une leçon, la mémoire est plus confuse et les éléments inutiles ne sont pas oubliés.

Comment le cerveau procède-t-il pour faire le tri entre les informations à retenir et celles, inutiles, qui seront oubliées ? Le groupe de Géraldine Rauchs à l'université de Caen a pu démontrer par imagerie fonctionnelle chez des sujets volontaires à qui on donnait une liste de mots à retenir et de mots à oublier, que l'activité des connexions de l'hippocampe était plus forte lorsque les sujets essayaient de retenir que lorsqu'ils essayaient d'oublier.

Pour Endel Tulving, la mémoire épisodique et l'encodage des informations que l'on retient correspondent à l'un des plus beaux mystères du cerveau humain : comment retient-on tel souvenir plutôt qu'un autre ? En effet, nos expériences passées sont mémorisées avec plusieurs informations simultanées : le contexte, le lieu, la date et parfois le jour et l'heure accompagnés souvent d'une odeur, d'une couleur, bref, tout un contexte spatial, temporel et émotionnel. Cette mémoire épisodique va stocker ces informations à différents endroits du cortex, avant que la reconstruction du souvenir puisse les réassembler avec une précision excellente. Cette mémoire épisodique est propre à l'espèce humaine et ses secrets ne sont pas encore connus. Pourtant, Andrew Watrous, à l'université de Davis en Californie, a récemment démontré l'existence d'un réseau à large échelle activant simultanément les régions du cortex préfrontal, temporal et pariétal sous l'effet d'oscillations à faible fréquence démarrant dans l'hippocampe. Sans doute sous l'effet d'une commande venant du cortex frontal, cette activation électrique serait déclenchée par le pulvinar, un groupe de cellules du thalamus. Lorsque la fréquence de ces oscillations est inférieure à quatre cycles par seconde, les informations de mémoire spatiale sont ravivées alors que pour une fréquence de sept cycles par seconde, ce sont les informations temporelles de l'événement mémorisé qui resurgissent.

La mémoire de « soi » : une fenêtre reliant le passé et le présent !

Pour étudier ce type de mémoire, là aussi, plusieurs études d'imagerie fonctionnelle ont mis en évidence l'existence d'un réseau de connexions actives entre plusieurs régions du cerveau. Tout d'abord, il existe un phénomène actif de reconstruction du souvenir (le jour de son mariage, par exemple), impliquant le cortex préfrontal et temporal gauche. Puis après environ 10 secondes, c'est l'hippocampe qui est activé, permettant au sujet de « revivre son souvenir ». Enfin, des détails resurgissent quant aux images, odeurs ou quelques détails associés à la scène, mettant en jeu une activation des régions temporales associées à l'audition et l'olfaction et des régions occipitales associées aux images, recréant véritablement une image mentale associée au souvenir.

Le cerveau de la mémoire : il grossit si on l'entraîne

Les chauffeurs de taxi londoniens doivent passer un examen difficile pour obtenir leur patente. Ils doivent connaître et mémoriser toutes les rues de Londres. Ce métier, tout comme celui des musiciens, active des régions sélectives du cerveau. Les conducteurs de taxi utilisent très souvent leur mémoire visuo-spatiale, qui pendant le temps du trajet recherché utilise le fonctionnement de l'hippocampe. Il existe ainsi, dans ce cerveau de la mémoire, un « mini-GPS ». Il contient des « cellules de lieu » qui s'activent lorsque le conducteur se trouve à un endroit précis. D'autres cellules s'activent s'il se trouve à un autre endroit. Pour chaque endroit visité se crée dans l'hippocampe une véritable carte physique des rues mémorisées, ou « patron d'activité neuronale ». Pour observer l'effet d'une stimulation importante de ce type de mémoire, le groupe d'Eleanor Maguire à l'institut de neurologie de Londres a mesuré le volume de substance grise de l'hippocampe chez un groupe de seize chauffeurs de taxi pratiquant leur métier depuis quatorze ans, comparé à un groupe de sujets témoins. Curieusement, on observe une augmentation du volume de l'hippocampe postérieur, siège de l'encodage de la mémoire spatiale à la fois du côté gauche et du côté droit du cerveau. À droite, l'augmentation du volume observé est plus élevée chez les conducteurs de taxi ayant le plus d'années de pratique.

Le cerveau des émotions et de la sociabilité

L'homme se différencie également de l'animal par deux facultés liées au fonctionnement du cerveau des émotions, appelé cerveau limbique : la faculté à comprendre les intentions des autres et la capacité à partager ses sentiments. La première est acquise chez l'enfant entre cinq et six ans. Elle représente une véritable capacité à se mettre dans la tête de l'autre et à deviner ses envies, ses croyances et ses intentions. Cette faculté de mentalisation est rudimentaire chez nos plus proches cousins, les chimpanzés. Tout semble démarrer par ce comportement si particulier propre aux primates et à l'homme d'imitation, observable dans la reproduction de gestes ou de mimiques que fait l'enfant en regardant l'adulte. En 1983, Andrew Meltzoff, à l'université de Seattle, démontre qu'un bébé de quelques jours est déjà capable d'exprimer des mimiques d'imitation : il imite parfaitement sa mère. Ces bébés adoptent ce comportement d'imitation d'une manière automatique, phénomène lié probablement à une résonance motrice expliquée plusieurs années plus tard par la découverte des neurones miroirs. Découverts d'abord dans le cortex moteur chez les macaques, ces neurones s'activent lorsque l'animal exécute le mouvement de préhension d'un objet, la même région s'active alors que le même animal immobile regarde un autre singe faire le même geste. D'autres études menées depuis 1997 ont montré des observations identiques dans le cortex du cerveau humain. L'imitation néonatale chez le nourrisson indique l'existence de ces réseaux de neurones miroirs dans le développement de ses capacités mentales. Cette forme de résonance entre l'observation et l'action permet au bébé de comprendre que l'autre est identique à lui. Ce type de comportement est fortement inhibé chez les autistes, ces enfants atteints de troubles de la communication.

Le langage constitue une faculté formidable de communication chez l'homme. Mieux encore, le cerveau humain nous rend capables d'exprimer de l'empathie, c'est-à-dire nous mettre à la place de l'autre pour comprendre ses émotions et ses sentiments. L'éveil empathique commence à la naissance, même si le cerveau limbique parvient à maturité que vers l'âge de cinq à six ans, bien qu'à cet âge, si l'enfant perçoit correctement les émotions des autres, il ne peut encore contrôler les siennes complètement. Le développement des connexions du cerveau des émotions et de la représentation mentale de leur contenu mettra plusieurs années pour se stabiliser. Ainsi, le phénomène d'élagage des connexions superflues entre les neurones se poursuivra tardivement dans le cortex temporal, dans le cerveau limbique et dans le lobe préfrontal. Les phénomènes de plasticité neuronale de ces régions s'achèvent vers l'âge de vingt-cinq ans.

Des études neurobiologiques montrent que l'empathie implique les circuits neuronaux de l'émotion (cortex sensoriel, insula, cortex cingulaire, amygdale et cortex préfrontal), mais aussi le système nerveux autonome, celui qui régule les battements cardiaques et la respiration. Les circuits neuronaux de l'empathie seraient apparus en même temps que la capacité du cerveau à comprendre les attitudes et les intentions de l'autre, c'est-à-dire lors du développement chez nos ancêtres hominidés du cortex préfrontal, le siège de la pensée autonome.

La contagion émotionnelle « clé de l'empathie »

Le nourrisson développe vite cette capacité innée à reconnaître que l'autre est semblable à lui. Ainsi, l'imitation néonatale laisse supposer que l'apprentissage de la relation avec l'autre serait aussi facilité par l'existence de neurones miroirs. Lorsqu'un nourrisson pleure dans une crèche collective, très vite, les autres nouveau-nés se mettent à crier. Marvin Simner, psychologue à l'université de l'Ontario au Canada, a étudié ce comportement en faisant écouter des pleurs de bébés enregistrés à des nouveau-nés âgés de cinq jours. En réponse à cela, les nourrissons ont pleuré plus fort que s'il y avait eu le silence dans la pièce. Par contre, ils ne crient plus lorsqu'ils écoutent leurs propres pleurs préalablement enregistrés ou bien lorsqu'ils écoutent les plaintes d'un chimpanzé nouveau-né. Ces observations démontrent, selon Jean Decety, professeur de psychologie à l'université de Chicago, que le cerveau du nouveau-né entre en résonance émotionnelle avec les autres.

Une clé chimique pour entrer en relation : l'ocytocine

La faculté humaine de développer une relation avec une autre personne témoigne de ce sentiment d'attachement qui explique la relation parent-enfant, l'amour d'un couple et aussi l'amitié sincère. Tous ces comportements dépendent d'une plasticité cérébrale qui modifie fortement l'expression du cerveau des émotions et est déclenchée essentiellement par une merveilleuse clé chimique agissant dans notre cerveau : l'ocytocine. Du grec *okus* et *tokos*, qui signifient « travail rapide », cette molécule naturelle fut d'abord identifiée comme l'hormone qui, en fin de grossesse, déclenche les contractions de l'utérus. Dès le premier jour après la naissance, le comportement maternel de tendresse activé naturellement par l'augmentation de la sécrétion d'ocytocine chez la mère conditionne tous ses gestes tendres, ingrédients primordiaux de la survie, du bien-être et du développement harmonieux du cerveau de l'enfant. De façon précise, les œstrogènes associés à l'ocytocine inhibent la peur, activent la libération de dopamine dans le cortex préfrontal, déclenchant ainsi ce comportement maternel de soin, de tendresse et de protection envers le nouveau-né. Avant l'âge de trois mois se met en place cette maturité progressive du cerveau de la relation, qui va façonner tout au long de l'enfance et de l'adolescence notre empathie sociale et notre capacité à synchroniser et à partager nos émotions et nos sentiments pour le reste de notre vie. Au début, c'est la relation dyadique mère-enfant qui occupe cet apprentissage naturel. Ensuite, entre trois et neuf mois, ce sont les échanges du regard, des vocalises, des imitations des gestes et du toucher qui vont accentuer cette maturité des circuits de l'empathie. Tout au long de l'enfance, et à travers les premières relations amicales solides, vont se rejouer l'expression multiple de l'empathie, la relation à autrui et l'attachement. Dans ce comportement, l'ocytocine joue un rôle facilitateur important, puisqu'elle exerce un effet antistress, anxiolytique, et attise la confiance en l'autre.

Comment le cerveau imagine-t-il ?

On sait depuis 2007 qu'un même réseau de neurones s'active dans le cerveau lorsqu'on imagine l'avenir ou lorsqu'on se remémore le passé. De plus, Demis Hassabis, chercheur au centre d'imagerie de l'institut de neurologie de Londres, observait que chez des patients ayant subi une lésion du lobe temporal et de l'hippocampe, on observe des difficultés à planifier et construire l'avenir. Ce réseau neuronal est localisé dans la partie latérale et moyenne du lobe temporal, le cortex frontal et le cortex cingulaire. La plupart des hypothèses semblent indiquer que l'hippocampe joue un rôle prépondérant dans l'imagination par sa capacité à utiliser trois types de constructions mentales : 1) il fournit des détails utiles du passé pour construire un scénario ; 2) il recombine ces détails dans le temps et l'espace ; 3) il enregistre ainsi un scénario assemblé et simulé qui va influencer l'imagination.

De plus, ces images reconstruites sont modulées par leur couleur émotive. Si une de ces images est associée à une tonalité émotionnelle désagréable, c'est-à-dire négative, elle sera peu mémorisée. Au contraire, les images associées à une coloration émotive neutre ou positive seront mieux mémorisées et plus souvent utilisées pour imaginer l'avenir et pour nourrir l'imagination. Afin de développer ces capacités mentales, notre cerveau a d'abord besoin de construire son identité, basée sur notre mémoire « autobiographique », celle des expériences vécues et des connaissances que l'on a acquises depuis notre petite enfance. Ainsi, en imaginant le futur avec notre mémoire, on effectue une opération mentale de « voyage dans le temps ». Pour effectuer cette opération, il faut avoir réellement conscience de son identité, cette conscience appelée « autonoétique » par laquelle on sait que l'on est acteur, et du scénario qu'on imagine, et de l'événement du passé qui est mémorisé et projeté au cours de ce voyage dans le temps.

Les neuropsychologues ont mené des observations démontrant le rôle essentiel de la mémoire épisodique dans la capacité d'imaginer et de construire le futur. S'appuyant sur les données récentes fournies par l'imagerie du cerveau, le groupe de Demis Hassabis observe qu'un même réseau de connexions s'active lorsqu'un sujet se remémore le passé ou lorsqu'il se construit une image du futur. Pour ces auteurs, l'évocation du passé de notre vécu correspond à l'activation d'un circuit impliquant le cortex frontal médian et le lobe temporal ; alors que l'imagination de scènes du futur impliquerait un circuit reliant l'hippocampe, le cortex frontal postérieur et le cortex pariétal. De façon intéressante, les neurologues démontrent également que l'activation de reviviscence du passé est reliée à l'activation du cerveau des émotions, qui vient connoter le caractère plaisant ou désagréable des événements vécus sur les constructions mentales projetées sur le futur et l'imaginaire. Selon ces auteurs, l'intrication de ces deux réseaux faciliterait le brassage d'informations mémorisées et de celles qui sont oubliées pour reconstruire de nouveaux scénarios essentiels à la construction de notre imagination, gage d'une meilleure adaptation de notre comportement à l'environnement. Finalement, comme on l'a vu à propos de l'élaboration des circuits de l'intelligence, des réseaux de connexions adaptés s'établissent aussi pour adapter la réactivité de notre cerveau à l'imaginaire, c'est-à-dire aux événements du futur.

Lorsque la déprime révèle le génie des artistes

Kenneth Heilman, neurologue à l'université de Floride, a proposé une hypothèse d'anomalie du cerveau frontal chez les artistes qui développent un génie créatif particulièrement innovant. Pour lui, les artistes géniaux possèdent d'excellentes facultés d'intelligence, une connaissance spécialisée, par exemple la musique, et un talent hors du commun. L'étude du cerveau de ces artistes par imagerie montre chez eux l'existence de connexions très fortes entre le lobe frontal et les régions polymodales du cortex temporal et du cortex pariétal. Ces connexions activeraient les régions postérieures du cortex frontal qui leur permettent de développer une forme particulière d'intelligence créative : ce que Heilman dénomme la « pensée divergente ». Cette communication hyperactive entre ces régions du cerveau surviendrait plus facilement lors d'épisodes dépressifs, probablement facilitée par la baisse du taux de noradrénaline du cerveau. Ainsi, le cerveau frontal désinhibé en quelque sorte de toute contrainte s'adonnerait à une construction mentale extraordinaire : le génie créatif.

Bien que le cerveau ait surtout été envisagé dans ce chapitre par son fonctionnement lié à l'échange de communications multiples, il ne faut pas oublier que c'est un organe qui a besoin de se nourrir et qui utilise l'oxygène du sang. Comme à n'importe quel organe, il faut donc lui apporter nourriture et soins tous les jours, et aussi l'entraîner pour qu'il reste, en permanence, au meilleur de sa forme.

Chapitre 4

Un cerveau en pleine forme

« Pour jouir d'une vie heureuse et accomplie, la clé est l'état d'esprit. C'est là l'essentiel. »

Dalaï-lama

Un cerveau bien branché

Les 25 watts consommés en permanence par le cerveau nous permettent de garder un esprit en bon état. En effet, les neurones s'échangent beaucoup d'informations par la transmission d'influx nerveux et renforcent ces communications grâce aux neurotransmetteurs. Comparé au cerveau, l'ordinateur portable consomme environ 60 watts, dont la moitié par l'intensité lumineuse de l'écran. Le cerveau consomme donc 20 % de l'énergie de base utilisée par notre corps au repos, alors qu'il ne représente que 2 % du poids de celui-ci.

Cette énergie est surtout apportée par son carburant préféré : le glucose, sucre qui peut servir de source d'énergie à toutes nos cellules et dont le stock est géré et contrôlé par le foie. D'un point de vue quantitatif, cela signifie que, pour fonctionner, le cerveau consomme en permanence 20 kilocalories par heure, soit l'équivalent d'un morceau de sucre de 5 g, et donc 120 g de sucre par jour. Cela représente quand même le quart de la consommation de sucre de tout le corps. Le cerveau n'est donc pas économe et au cours de l'évolution des hominidés, la gestion du stock de sucre du corps humain a dû s'adapter à l'augmentation de taille de cet organe. Le glucose peut être brûlé complètement en présence d'oxygène pour libérer du gaz carbonique et de l'eau, mais aussi un peu d'énergie. Si l'apport en oxygène est réduit, les cellules gliales vont brûler facilement le glucose pour donner une bûche à moitié consommée qui s'appelle l'acide lactique. Dans ce cas, les neurones avides de carburant peuvent utiliser aussi cet acide qu'ils brûlent complètement pour en tirer de l'énergie. Enfin, dans les situations de jeûne important, le cerveau se met au ralenti, et il peut alors utiliser un carburant *low-cost*, l'acétone, qu'il tire des acides gras provenant de la graisse de réserve.

Notre cerveau consomme de l'énergie de façon constante, selon l'intensité du débit sanguin et surtout selon notre état émotionnel. Les neurones utilisent

30 % de cette énergie par le fonctionnement de pompes ioniques qui régulent l'influx nerveux. Le reste, soit 70 % de l'énergie, est utilisé pour le recyclage de nombreuses clés chimiques, dont la plus importante est le glutamate, un neurotransmetteur excitateur essentiel des neurones. Lorsqu'on exécute un problème mobilisant nos facultés mentales, comme jouer aux échecs, le débit sanguin dans les régions concernées et la consommation de glucose augmentent, de l'ordre de 20 % au maximum.

Le cerveau, et surtout les neurones, est alimenté en permanence par l'apport de glucose venant du sang. Le taux normal est de 1 g par litre et le cerveau commence à donner des signes de faiblesse dès que le taux de glucose baisse en dessous de 0,50 g par litre, avec sensation de malaise, fatigue, vertiges, vision trouble et confusion de la pensée. Dès que cette valeur diminue à 0,40 g par litre, le coma est imminent par une inhibition rapide du fonctionnement des connexions excitatrices du cerveau. Même au cours d'un effort intellectuel important, l'augmentation modérée de la dépense énergétique ne modifie pas le taux de glucose du sang car il existe un passage efficace du glucose depuis le sang vers les cellules nourricières des neurones : les cellules gliales.

Il adore le sucre

Le cerveau consomme trois types de carburant : le sucre, ou glucose, l'acide lactique, fourni par les cellules gliales et, en cas de jeûne prolongé, l'acétone, issu de la dégradation des graisses. L'efficacité de transfert du glucose depuis les cellules gliales est si rapide que le cerveau n'utilise qu'en cas de nécessité une petite réserve de sucre sous la forme de glycogène. Cette réserve représente 20 g de glucose disponible lorsque le fonctionnement des connexions neuronales exige un petit coup de pouce. Chaque cellule gliale peut ainsi approvisionner 50 000 synapses en glucose, en cas de besoin. Cependant, si le cerveau, à la différence du muscle, ne consomme pas beaucoup plus d'énergie en cas d'effort intellectuel, beaucoup de médias recommandent la consommation de sucre ou d'aliments énergétiques avant un examen scolaire. En fait, ces sucres rapides sont surtout utiles pour compenser les effets du stress émotionnel, voire physique, lié à la situation de l'examen. La consommation immédiate de sucre dans ces situations diminue donc le stress et réduit la crainte et l'émotion en apportant une relaxation par le biais d'un petit plaisir gustatif. Par contre, il est conseillé de ne pas se rendre à un examen sans s'être alimenté environ deux heures auparavant car un taux de glucose sanguin proche de la limite maximale, soit 1,10 g par litre, semble renforcer les capacités de concentration intellectuelle.

Le cerveau s'adapte à la vie de tous les jours

Les performances de nos capacités cognitives et mentales dépendent d'un bon fonctionnement du cerveau. À l'âge adulte, une fois que le cortex préfrontal est enfin parvenu à sa maturité définitive, le cerveau peut développer toutes ses capacités pour s'adapter à la vie de tous les jours. En ce sens, le cerveau est l'organe cible par excellence de l'effet du stress, car c'est le cerveau qui doit réagir, et vite ! Trois régions du cerveau sont particulièrement affectées par le stress : l'hippocampe, l'amygdale et le cortex préfrontal. L'hippocampe et l'amygdale sont situés dans le système limbique et interviennent dans la mémoire, l'apprentissage et l'expression des émotions. Ces régions sont fortement connectées entre elles et constituent des circuits malléables très adaptés aux effets du stress quotidien, soit d'intensité faible – il est alors stimulant –, soit d'intensité modérée – il est alors tolérable.

Il existe une étonnante plasticité neuronale dans ces régions du cerveau, surtout dans l'hippocampe, qui permet en quelque sorte aux cellules usées, voire détruites par le stress, d'être remplacées, par un mécanisme de neurogenèse. Souvent, le neurone ne meurt pas, mais ses dendrites sont largement remodelées, formant de nouvelles connexions avec d'autres neurones et réparant ainsi le circuit. Si le stress se prolonge de façon itérative, il devient toxique. Dans ce dernier cas, le phénomène de plasticité et de réparation s'épuise, et au bout de plusieurs années, se produisent une véritable usure de ces structures, une diminution de l'épaisseur de la substance grise et une réduction du volume ou atrophie de l'hippocampe, traduits par des troubles de la mémoire. En réalité, l'activation des circuits de la mémoire, lors d'une situation stressante, stimule la libération de glutamate, une clé chimique qui active la communication entre les neurones. Cette suractivation liée à l'action du glutamate peut devenir toxique pour les neurones et provoquer leur dégénérescence, leur mort. Pour aider l'hippocampe à réparer ces cellules, certaines molécules réparatrices, produites sous l'action du cortisol après le stress, comme le BDNF – pour facteur de croissance dérivé du cerveau –, peuvent stimuler la repousse des dendrites.

Des neurones qui s'usent et se réparent

Les contraintes de la vie de tous les jours activent souvent la libération d'adrénaline, cette hormone qui permet de nous hâter d'un seul coup quand on est en retard, ou de prendre une décision rapide. Cette hormone stimule le fonctionnement de l'hippocampe et la mémoire de travail. Par contre, si un événement stressant dure plusieurs jours, comme la perte d'un proche, ou si on est surmené par plusieurs journées de travail trop trépidantes, les glandes surrénales libèrent le cortisol, l'hormone du stress, qui va rapidement user les neurones de l'hippocampe. Ces derniers perdent leurs dendrites et se rabougrissent, ce qui diminuera l'efficacité des communications neuronales. Dans ces moments-là, on ne sait plus où l'on a rangé quelque chose, on oublie ce que l'on devait faire dans l'heure qui suit, et on se sent stressé. Rapidement, sous l'effet d'une courte détente ou de la communication avec un proche qui nous rassure et nous soutient, le taux de cortisol baisse. Très vite les ramifications neuronales repoussent et reforment des connexions avec les cellules voisines. Notre mémoire fonctionne à nouveau normalement. Cependant, à force de répéter ce cycle usure/réparation, l'addition de stress pendant de longues années va détruire des neurones. Heureusement, de nouvelles cellules peuvent se reformer : c'est la neurogenèse.

La deuxième région du cerveau des émotions qui est ciblée par le stress est l'amygdale, ce noyau de cellules situé dans le lobe temporal qui exerce un rôle très important dans le contrôle émotionnel. Ces amygdales du cerveau (qui n'ont bien sûr rien à voir avec les amygdales, ces petites glandes situées au fond de la bouche) servent de relais entre la détection d'une contrainte ou d'un stress et le type de réponse ou de comportement émotionnel à adopter. Cela concerne à la fois l'intensité de la perception mentale de l'émotion et sa traduction, son ressenti, qui se manifestent dans nos organes : palpitations, contractures musculaires ou fatigue. L'amygdale constitue une sorte d'intermédiaire cérébral de l'effet du stress et de ses conséquences sur la santé. Il est ainsi bien établi que l'accumulation de stress peut provoquer des troubles du rythme cardiaque mais aussi être un facteur de risque majeur de l'hypertension artérielle. Un excès de libération de cortisol lors d'un stress active l'amygdale qui, le plus souvent, déclenche une sensation de peur immédiate, voire d'anxiété si les situations stressantes se prolongent ou recommencent rapidement. L'amygdale communique alors avec le cortex préfrontal pour l'avertir de l'émotion ressentie et pour lui donner un signal d'alerte pour qu'une décision d'agir ou de réagir soit prise. Là aussi, la plasticité neuronale exerce son rôle.

Le cortex préfrontal est l'intégrateur de l'exécution de nos actions et de nos comportements. Il est, lui aussi, la cible de l'effet du cortisol. Il reçoit les informations venant de l'hippocampe et de l'amygdale et est ainsi renseigné sur l'intensité et la gravité potentielle de la situation stressante. Le plus souvent, si la libération de cortisol est importante, cette hormone va diminuer l'attention et la concentration, et donc altérer le fonctionnement du cortex préfrontal qui aura des difficultés à prendre une décision. Si la situation de contrainte sévère persiste, l'évaluation de la situation intégrée par la partie postérieure du cortex frontal nous incite à réagir tout en agissant *via* l'hypothalamus pour restimuler la sécrétion de cortisol : on reste stressé pour plusieurs jours. À la longue, le cortisol provoque la dégénérescence des neurones et donc la diminution de l'épaisseur de la substance grise dans le lobe frontal. Du fait de ces changements de plasticité du cortex, on devient moins réactif et on finit par avoir moins de force morale pour réagir.

Plasticité et gymnastique cérébrale : utiliser le bon mode d'emploi

L'état de pleine forme du cerveau dépend de facteurs à la fois d'origine personnelle et d'origine environnementale. Pour les premiers entrent en ligne de compte l'hérédité, la qualité du mode de vie pendant l'enfance et l'adolescence, les facteurs génétiques et la qualité d'approvisionnement en oxygène et en glucose du cerveau, qui dépend avant tout d'un bon état des vaisseaux sanguins et d'un bon état du foie, la banque de sucre de notre corps. Tous les autres facteurs sont liés aux effets de l'environnement : activité physique, mode de vie, intégration sociale, capacité de communication avec les autres et alimentation.

Une plasticité plus ou moins efficace : rôle des stimulants naturels produits dans notre corps

La capacité remarquable de ces trois cerveaux : hippocampe (mémoire), amygdale (émotions), cortex préfrontal (décision) à se remodeler et à réparer les neurones usés dépend de ce phénomène de plasticité cérébrale. Parmi les zones du cerveau où le remodelage des neurones est le plus actif, on retiendra ce petit repli du lobe temporal juste à côté de l'hippocampe dénommé gyrus dentelé, où la neurogenèse est très active. Cette plasticité est indispensable au fonctionnement de la mémoire. Pour stimuler ces phénomènes de réparation, l'organisme dispose d'hormones comme l'hormone de croissance qui, même chez l'adulte, est libérée en première partie de la nuit pour déclencher dans le foie la fabrication d'une sorte de vitamine du cerveau : l'IGF-1, très utile pour réparer les neurones usés. Une autre molécule, le BDNF est très active pour réparer les neurones. De façon intéressante, la fabrication de cette molécule est activée lors du stress, mais aussi par l'entraînement intellectuel, l'exercice physique régulier, et le contact social.

L'activité physique : bien dans son corps, bien dans sa tête

Dans les années 1970, plusieurs études démontraient que les personnes âgées habituées à pratiquer trente minutes d'exercice physique quotidien comme la marche avaient de meilleures performances psychomotrices et un temps de réaction plus court que celles qui ne pratiquaient aucun exercice. Par la suite, d'autres observations concernaient l'effet d'un exercice physique régulier à toutes les tranches d'âge. Avant l'âge de dix ans, l'exercice physique améliore toutes les capacités mesurées par les tests d'intelligence, sauf la mémoire. L'exercice physique, notamment la marche rapide, stimule, au bout de dix à quinze semaines de pratique régulière, la libération de neurotrophines actives sur la neurogenèse. Cet effet, difficile à objectiver, chez l'homme peut par contre être corrélé à l'augmentation de volume de la substance grise du cortex, qui contient l'essentiel des neurones, et l'augmentation du débit sanguin avec la formation de nouveaux micro-vaisseaux, notamment dans l'hippocampe et aussi dans le cortex cingulaire antérieur, situé à l'arrière du lobe frontal, région jouant un rôle important dans la gestion du stress. À l'issue d'un exercice sportif, cette région est oxygénée et fonctionne mieux. On sent alors que nos idées ont été remises en place !

On peut donc affirmer que l'exercice améliore la survie neuronale et la résistance au stress. Il stimule le développement des vaisseaux sanguins du cerveau, améliore l'apprentissage, active les capacités cognitives (attention, concentration, mémoire) et retarde le déclin des facultés cognitives au fur et à mesure du vieillissement. Quant à ces sensations de bien-être, d'apaisement, de relaxation recherchées lors de la pratique d'un sport, elles sont liées à l'activation du fonctionnement de circuits de neurones qui utilisent des clés chimiques stimulantes, notamment la sérotonine, la dopamine, l'anandamide et les endorphines.

Pourquoi le sport, ça fait du bien dans la tête ?

Lors d'un exercice rapide qui mobilise un effort important comme une course rapide ou une séance de squash, la libération d'adrénaline, qui au départ sert à mobiliser tous nos muscles pour réaliser l'effort demandé, entraîne, au bout de vingt à trente minutes, la sécrétion de différentes endorphines dans plusieurs régions du cortex. Ces molécules sont responsables de cette euphorie si particulière qui accentue le plaisir procuré par l'exercice. Lors d'une séance d'activité sportive plus modérée comme la natation ou le jogging en course de demi-fond, le cerveau libère de l'anandamide, une molécule qui se comporte comme un cannabis naturel. Cette molécule entraîne un effet apaisant, relaxant et renforce la sensation de bien-être physique mais aussi d'un bien-être mental. Sous l'effet de l'anandamide, une libération accrue de dopamine s'ensuit, exerçant ses effets positifs sur le cortex frontal. Il en résulte une accentuation de la motivation mentale, accompagnée d'une émotion positive.

L'entraînement cognitif pour stimuler la mémoire

L'effet combiné de l'exercice physique et d'un certain entraînement des facultés intellectuelles contribue indéniablement à maintenir une bonne forme cérébrale. Cependant, beaucoup d'expériences réalisées chez les rongeurs ont démontré que, dans un environnement enrichi, existait une stimulation de la neurogenèse. Les nouveaux neurones formés dans l'hippocampe doivent être rapidement stimulés, sinon, ils ne survivent que quelques jours. Grâce à un entraînement et une stimulation réitérée de la mémoire, ces neurones se connectent, développent d'autres connexions et s'intègrent dans un réseau de cellules actives en enrichissant les possibilités de communication. Chez l'homme, de telles études sont impossibles, car on ne peut compter les cellules d'un cerveau vivant. Par extrapolation avec les études menées chez des rats, on peut estimer que chez l'adulte, environ 1 % des neurones de l'hippocampe correspondent à de jeunes cellules issues d'un mécanisme de neurogenèse, soit probablement de l'ordre de 600 000 pour la totalité de l'hippocampe dont le volume est de 3 centimètres cubes. Ce qui est assez pour être très efficace. En effet, les cellules renouvelées, appelées cellules granulaires, potentialisent de six cents fois l'activation des circuits de mémoire, ceux utilisés pour les mémoires épisodique et spatiale. En même temps, ces cellules potentialisent de trois cents fois le mécanisme d'inhibition de certains circuits, ceux utilisés pour oublier. Il existe également une corrélation entre l'augmentation du volume et du débit sanguin cérébral et l'efficacité de la neurogenèse. Ces arguments indirects suggèrent fortement l'efficacité de l'entraînement cérébral sur les performances cognitives. On trouve beaucoup de programmes d'entraînement, utilisant soit le papier et le crayon (mots croisés, jeux intellectuels, exercices de stimulation mentale), soit l'ordinateur, qui peuvent être efficaces si chaque séance dure au moins quarante-cinq minutes et si ces séances sont suffisamment répétées dans le temps.

Le docteur Megan Dotson, à l'université de l'Iowa, a étudié cet effet sur 681 personnes qu'il a réparti en trois groupes. Le premier devait faire des mots croisés sur un ordinateur, les deux autres devaient jouer à un jeu vidéo pendant dix heures, soit à l'université, soit à leur domicile. Après un an de pratique régulière de ces exercices, ceux des deux derniers groupes présentaient une amélioration significative de leurs performances visuelles, leurs capacités attentionnelles et leur vitesse de réaction dans les réponses aux jeux. Il faut insister sur l'intérêt de pratiquer de telles séances en groupe pour que les exercices soient réalisés avec progressivité, régularité et pour assurer un suivi plus facile. De même, l'émulation créée par la cohésion du groupe et le degré d'empathie qu'il suscite améliorera les performances de chacun. Cependant, attention : on ne pratique pas la gonflette des neurones comme si on suivait un entraînement pour une séance de *body-building*. Beaucoup de facteurs environnementaux et personnels entrent en ligne de compte pour assurer le succès d'un tel entraînement : degré de motivation personnelle, environnement culturel stimulant, activité physique régulière, vie sociétale et relationnelle équilibrée, conditions de vie dénuées de stress chronique.

Différentes études combinant l'effet d'un exercice physique régulier et d'exercices de stimulation cognitive indiquent que ces deux pratiques auraient un effet synergique. L'exercice régulier stimule la neurogenèse en activant la libération de neurotrophines, et la stimulation cognitive active la survie des jeunes neurones formés dans l'hippocampe en favorisant leur connectivité dans les réseaux de neurones existants.

Vie sociale et performances cognitives

La vie sociale et le partage d'activités avec des relations ou des amis exerce un effet bénéfique sur le bien-être et le maintien des performances cognitives. Le comportement prosocial induit la formation d'un bouclier mental contre les effets du stress. Cela peut d'ailleurs être démontré dès le plus jeune âge : l'isolement et le manque de soin chez des enfants orphelins entraînent de graves troubles cognitifs parfois irréversibles. La solitude, la diminution d'activité, le manque de motivation dans la recherche d'occupations stimulantes entraînent la baisse d'estime de soi et la dépression. Ces symptômes activent l'axe hormonal du stress en favorisant, sous l'effet de l'élévation du taux de cortisol, la perte des neurones dans l'hippocampe, objectivée dans ces situations par une atrophie. De plus, cette atrophie s'accompagne d'une activité accentuée de l'amygdale qui se caractérise à moyen terme par l'installation d'une anxiété chronique. Cette neuroplasticité induite par la vie relationnelle peut aussi bénéficier de l'amour de compagnonnage retrouvé dans la vie de couple.

D'un point de vue neurobiologique, l'effet bouclier de la relation avec l'autre favorise l'empathie et se caractérise par une sécrétion cérébrale d'ocytocine, clé chimique de l'empathie et de la tendresse. En effet, l'ocytocine possède un effet antistress et s'oppose très vite dans le cerveau à l'action du cortisol, notamment au niveau de l'hippocampe, de l'amygdale et du cortex frontal. La libération régulière d'ocytocine favorisée par l'échange, la communication et l'entraide stimule, surtout dans l'hippocampe, la formation et l'effet des neurotrophines comme le BDNF. La vie sociale active favorise souvent le maintien d'activités physiques et intellectuelles suffisamment fréquentes pour soutenir le fonctionnement de la mémoire épisodique et de la mémoire de travail. À long terme, le maintien de cet effet prosocial de l'ocytocine se traduit également par une meilleure adaptation du système nerveux autonome, garant d'un meilleur fonctionnement du système cardiovasculaire, par une diminution de la libération d'adrénaline et de ses effets.

L'alimentation

Le premier élément indispensable au cerveau, bien qu'il ne soit pas apporté par l'alimentation, est l'oxygène transporté par le sang. Aussi, se garder en bonne santé cardio-vasculaire est essentiel à une bonne oxygénation cérébrale.

L'oxygène, premier aliment du cerveau

Le cerveau a tout d'abord besoin d'oxygène pour fonctionner. Pour cela, les deux artères carotides internes et les deux artères vertébrales, dont le diamètre varie de 3 à 4 mm, lui apportent le sang essentiel à une bonne oxygénation : 20 % du sang éjecté par le cœur y passe chaque minute, soit 0,75 litre à chaque minute. Le cerveau s'arrête rapidement de fonctionner s'il manque d'oxygène pendant deux minutes et cela devient irréversible après cinq minutes d'arrêt de la circulation sanguine. Ainsi, dix secondes d'arrêt circulatoire suffisent à faire apparaître des signes de souffrance des neurones. En cas de ralentissement du débit sanguin ou de baisse de la concentration en oxygène en dessous de 60 % de la normale, les premiers signes touchent le cortex préfrontal avec inattention et troubles de la décision et du jugement.

L'alimentation est un critère important pour le fonctionnement du cerveau, mais il est vrai que c'est le fonctionnement de tous les organes qui sera amélioré par une alimentation équilibrée. Malheureusement, l'alimentation moderne est souvent caractérisée par des excès de sucres et de graisses, ce qui a des effets toxiques indirects sur les fonctions mentales et entraîne une réaction inflammatoire quasi invisible des vaisseaux sanguins du cerveau qui, petit à petit, va accélérer la perte neuronale et le déclin cognitif.

Comme on l'a vu, le cerveau a besoin d'énergie, et à ce titre, l'utilisation de l'amidon dans l'alimentation a effectivement favorisé le surplus d'apport énergétique sous forme de glucose. Normalement, là encore, un apport équilibré suffit, et la glycémie est bien régulée par l'insuline. En cas d'excès de sucre, le diabète se développe et la résistance à l'insuline dans le cerveau réduira la production de neurotrophines. Par ailleurs, différents produits d'oxydation liés à l'excès de glucose apporteront un stress et un vieillissement accéléré des cellules cérébrales. Le deuxième nutriment qui fait l'objet de nombreuses études est la graisse ou lipides alimentaires. Avant de se préoccuper de savoir si on doit acheter une marque de beurre supplémentée en oméga-3 ou en oméga-6, il faut d'abord se préoccuper de la quantité de graisses alimentaires apportées quotidiennement, qui ne doit pas dépasser les 80 g chez un homme adulte d'activité moyenne. Un excès de lipides corrélé à un excès global d'apport alimentaire se traduit vite par un surpoids pouvant conduire à l'obésité. Être en surpoids pendant plusieurs années peut entraîner une réaction inflammatoire pouvant affecter les vaisseaux sanguins, notamment ceux du cerveau, et perturbant les échanges nutritifs entre le sang et les cellules gliales et neuronales. De même se développera une altération de la perméabilité de la paroi des vaisseaux sanguins. Ces altérations vont finir par modifier l'efficacité des circuits neuronaux, notamment ceux, très sollicités, impliqués dans la mémoire et le fonctionnement de l'hippocampe.

Parmi les acides gras de la série oméga-3, le DHA est abondant dans le cerveau et ne peut être fabriqué chez l'homme. Il doit donc être apporté par l'alimentation. Joe Hibbeln, à l'université de Bethesda, a ainsi démontré une corrélation directe entre la consommation de poisson gras et le risque de dépression. Une consommation de 300 g par semaine est corrélée à un risque dépressif de cinq pour cent individus ; alors qu'une consommation de 1 500 g par semaine réduit le risque de dépression à 0,5 pour cent. Grâce à leurs effets cellulaires, les acides gras oméga-3 réduisent la libération de cortisol et exercent une action antistress et sans doute anxiolytique.

Oméga-3 et cerveau : qu'en penser ?

Les acides gras dénommés oméga-3 sont des lipides indispensables apportés par l'alimentation. Les huiles de noix, de colza et de soja, ainsi que les poissons gras, comme le thon et la sardine, en sont riches. Ils exercent un bénéfice maintenant étayé par de nombreuses études épidémiologiques sur la santé cardio-vasculaire.

À ce titre, ils modifient le métabolisme des lipides, exercent un effet anti-inflammatoire et améliorent le fonctionnement des vaisseaux sanguins. Plusieurs études menées chez l'homme avec des tests d'exploration des différentes formes de mémoire ne démontrent aucun effet significatif sur les performances cognitives des adultes en bonne santé. Dans une méta-analyse récente, le groupe de Nathan Herrmann, à l'université de Toronto, a observé un effet discret d'amélioration de la mémoire épisodique chez des sujets souffrant de troubles légers de la mémoire. Par contre, les acides gras oméga-3 sont indispensables pour participer au développement harmonieux des synapses et des connexions nerveuses lors de la grossesse et tout au long de la petite enfance. Une autre démonstration provient des études archéologiques. Elles indiquent que l'introduction de la consommation de poisson dans l'alimentation des hominidés fut concomitante de l'augmentation de la taille du cerveau. De même, les oméga-3 améliorent le développement des capacités cognitives chez l'enfant et pourraient réduire la vitesse du déclin cognitif chez les personnes âgées.

D'autres nutriments, ou molécules, censés représenter des précurseurs de neurotransmetteurs sont parfois « spontanément » dotés de propriétés telles celle capable de booster la mémoire. Citons la choline, la carnitine ou encore les vitamines C et E. De nombreuses études n'ont toutefois apporté aucune preuve significative de leur effet sur les performances cognitives et les tests d'évaluation de la mémoire chez l'homme. Le lecteur ne doit pas s'attendre à trouver ici une liste de recettes magiques d'acides aminés, de vitamines ou de substances supposés apporter comme complément alimentaire une stimulation des performances de la mémoire ou renforcer la qualité de notre humeur. Ceux qui prétendent qu'ajouter à son alimentation de tels compléments va booster leur mémoire ignorent complètement ce que les recherches en nutrition nous révèlent.

Dans la plupart des études, les résultats démontrent une fragilité augmentée de nos capacités naturelles de neuroprotection lors d'un déficit en vitamines de l'alimentation, notamment les vitamines B_9, B_{12} et D. Cela signifie qu'il faut un apport régulier, mais sans excès, de ces vitamines pour maintenir un fonctionnement correct de nos cellules et non pas un apport augmenté et irrégulier. À défaut d'un effet rapide et stimulant, d'autres substances apportées par l'alimentation de tous les jours exercent un effet bénéfique sur la santé et le bon fonctionnement du cerveau.

De nombreuses études semblent démontrer l'intérêt d'une consommation régulière d'anti-oxydants naturels, ces pigments très variés de notre alimentation. Aussi, des recherches chez l'animal indiquent que les pigments de certains fruits appelés polyphénols exerceraient un effet sur la plasticité synaptique, la survie neuronale et le débit sanguin cérébral. Il s'agit de pigments retrouvés dans les pommes, les agrumes, mais aussi les framboises, les mûres et les myrtilles. Des travaux menés chez le rat indiquent qu'en étant ajoutés à l'état d'extraits purifiés à l'alimentation, ils améliorent les performances dans les différents types de mémoire. De même, ils agiraient sur la plasticité synaptique en stimulant la vitesse de neurogenèse dans l'hippocampe chez des rats soumis à un stress. Chez l'homme, cependant, aucune étude utilisant ces produits à des concentrations analogues à celle d'une consommation habituelle de fruits n'a livré de résultats significatifs. Il semble que la plupart de ces pigments modifient la tonicité vasculaire et améliorent le débit sanguin cérébral. On peut ici proposer les résultats de quelques études sur ces composés.

La plupart de ces molécules, comme le resvératrol, présent dans les pigments du raisin, exercent un effet piégeant les radicaux oxydants produits facilement dans les cellules sous l'effet de l'oxydation des graisses et des protéines. De plus, le resvératrol exerce un effet vasodilatateur et a démontré, dans certaines études chez le rat, un effet d'augmentation du débit sanguin cérébral, améliorant ainsi les capacités cognitives. Le second effet, indirect, de nombreux polyphénols s'exerce sur l'activation du BDNF et de différentes neurotrophines, expliquant ainsi leur effet neuroprotecteur et réparateur des connexions neuronales.

De plus, certains de ces composés exerceraient un effet régulateur sur l'humeur. C'est le cas par exemple de l'acide chlorogénique, un composé phénolique abondant dans les pommes, les cerises et les prunes dont l'effet réducteur de l'anxiété a été démontré chez le rat. Cet effet pourrait s'exercer par une prolongation des effets bénéfiques du BDNF. D'autres études proposent une autre explication. Des polyphénols présents dans le curcumin ou le thé vert exerceraient un effet antidépresseur en diminuant la dégradation des clés chimiques du cerveau très efficaces impliquées dans le fonctionnement des circuits de l'humeur : la dopamine et la sérotonine. De même, le curcumin possède deux effets bénéfiques : il est non seulement anti-oxydant mais également capable d'augmenter les effets neuroprotecteurs du BDNF.

La bonne forme du cerveau est possible à maintenir chez l'adulte avec une vie saine, en limitant la répétition de stress répétés et en adoptant une alimentation la plus équilibrée possible. Incontestablement, comme pour les muscles d'un sportif, et même s'il n'est pas possible de doper son cerveau, l'exercice physique et intellectuel assidu et régulier est le meilleur garant d'un fonctionnement harmonieux de nos capacités mentales.

Chapitre 5

Un cerveau toujours riche

> « *Mnémosyne, fille d'Uranus, avait un tel charme que Zeus, Maître de l'Olympe, s'unit à elle durant neuf nuits. C'est de leur union que naquirent les neuf muses au bandeau d'or. Mnémosyne restait près de Zeus et lui contait les victoires des dieux contre les titans. Elle avait une telle mémoire qu'elle se souvenait de tous les poèmes et les chansons que lui demandait Zeus ; ainsi personnifiait-elle la mémoire* ».
>
> Mnémosyne, déesse grecque de la mémoire

Un cerveau qui s'entretient et s'enrichit chaque jour

Si on veut garder sa vivacité d'esprit, il faut entraîner son cerveau. Mais une fois celui-ci arrivé à maturité, le capital acquis pendant l'enfance et l'adolescence peut être différent selon les individus. En effet, l'éducation, la curiosité et l'acquisition de connaissances sont facilitées par la relative immaturité du cerveau de l'enfant, qui a soif d'engranger lors de cette période optimale pour tout type d'apprentissage. C'est toutefois l'environnement qui va moduler le fonctionnement de notre

« inné génétique », par l'intermédiaire d'une adaptation et de cette formidable plasticité des neurones.

Le groupe de Mark Rosenzweig a ainsi démontré, chez le rat, qu'un environnement enrichi et stimulant favorise le développement du cortex, augmente le nombre et la densité des communications neuronales et favorise la neurogenèse, c'est-à-dire le remplacement de neurones usagés par de nouveaux neurones. Grâce à ce phénomène, en quelque sorte, le cerveau s'entretient tout seul. On ne peut pas parler de régénération comme dans le foie, car dans le cerveau, le remplacement des neurones est quand même très limité. Selon une étude publiée en 1998, on estime ce phénomène à l'apparition de 100 000 nouveaux neurones par jour, ce qui représente une quantité de matière grise d'environ 3 mg. La neurogenèse chez l'adulte humain, si elle reste difficile à quantifier, est donc bien effective, Ainsi, de nombreuses observations ont pu démontrer l'effet d'exercices de la vision sur le développement du cortex visuel situé dans le lobe occipital, là où les images accessibles à la conscience reforment véritablement ce que les yeux perçoivent.

Si, lors de l'enfance, l'intelligence d'un enfant est vive, cela peut être lié pendant quelques années à un environnement particulièrement favorable associé à des capacités de réceptivité et d'apprentissage qui sont très bonnes. Cependant, du fait de la plasticité du cerveau, ces capacités mentales ne sont pas fixées une fois pour toutes et dépendent en permanence de l'interaction de l'individu avec son environnement. Interviennent alors les capacités d'intelligence émotionnelle, le degré de confiance en soi, la motivation, la disponibilité et la qualité des liens avec le milieu éducatif (classe, école, université...). Finalement, notre capacité d'apprentissage et le succès qui en découle n'est pas immuable, ni jamais déterminé à l'avance. Nombreux sont les exemples d'excellente réussite en milieu scolaire suivie d'échecs retentissants au démarrage de la vie professionnelle ou vice versa. Dans beaucoup de domaines, un cerveau d'enfant ou d'adolescent apprend plus vite mais est souvent moins motivé qu'un cerveau d'adulte. Ainsi, la plupart des programmes scolaires correspondent à trois niveaux d'acquisition : 1) connaissances ; 2) compétences ; 3) attitudes. Cependant, leur évaluation place presque toujours les connaissances au-dessus des deux autres niveaux. L'expérience professionnelle, quant à elle, place ces niveaux d'acquisition dans un ordre différent, soit : 1) attitudes ; 2) compétences ; 3) connaissances. Les attitudes positives (responsabilité, confiance en soi et dans les autres), sont importantes comme le sont certaines compétences comme l'organisation, la communication et le travail en équipe. L'aptitude à accumuler des connaissances est moins importante, du fait de la diffusion d'Internet et l'accès aisé à de nombreuses données.

Tout au long d'une vie, l'apprentissage est donc toujours possible et certainement plus aisé si le niveau éducatif et scolaire a permis assez tôt de développer toutes les capacités de l'intelligence. De plus, des recherches ont montré que lorsque les capacités intellectuelles ont été pleinement stimulées avant l'âge adulte, peut alors se constituer ce que les neurologues dénomment la réserve cognitive. En réalité, dès que certaines régions du cerveau donnent des signes de faiblesse, les effets cumulés d'un bon niveau d'entraînement de notre mémoire, à travers nos connaissances passées et la richesse de nos activités intellectuelles comme lire, sortir au cinéma, se réunir régulièrement avec d'autres pour des activités stimulantes et partagées, activent la plasticité et favorisent l'efficacité des connexions neuronales. De plus, certaines aires peu utilisées à l'âge adulte mais performantes au cours de la jeunesse peuvent être recrutées à nouveau pour compenser les difficultés de mémoire ou la rapidité d'exécution de certaines tâches mentales. C'est ce que les neurologues dénomment la compensation cognitive. En clair, en étant motivé, notre cerveau s'adapte et puise un regain d'efficacité dans ses réserves en améliorant la plasticité des neurones et leur efficacité.

Les mnémonistes et les secrets de la mémoire

Les mnémonistes aiguisent leur mémoire à l'aide de techniques d'entraînement qui utilisent plusieurs régions du cerveau. L'histoire de Simonide, contée par Cicéron en 480 av. J.-C., est la première trace de la mnémotechnie utilisant la méthode des lieux. Elle consiste à imaginer et à mémoriser un itinéraire, avec des étapes clés reliées aux informations que l'on souhaite mémoriser. Vers la fin du Moyen Âge, la mnémotechnique est remise en question. La méthode des lieux est remplacée par l'étude approfondie des textes. La lecture revient à la mode. Dans les années 1930 se révèle un véritable mnémoniste, artiste du spectacle, Robert Olivaux, auteur de *L'ABC de la mnémotechnie*. Illusionniste, il utilisait principalement le principe d'associations d'images et mélangeait numéros de mémoire pure avec d'autres, simulés. Dominic O'Brien, sept fois champion du monde de la mémoire, utilise une version améliorée de la méthode des lieux. Tous ces champions de la mémoire ont une capacité très spécialisée et exercent leur don sur une forme particulière de mémorisation. Leurs capacités cognitives globales ne sont pour autant pas supérieures à la moyenne.

Maintenir une bonne oxygénation du cerveau pour qu'il fonctionne bien

Comme nous l'avons vu dans le chapitre précédent, le cerveau a besoin d'énergie pour réfléchir et agir, mais globalement, le volume et le débit sanguin qui lui parviennent varient peu. Cependant un peu comme un moteur à injection, dans les circuits de neurones activés par la résolution d'un problème difficile, tout est fait pour apporter rapidement du carburant aux neurones. C'est ce que les neurophysiologistes appellent le couplage neurovasculaire. Comment ça marche ? Lorsque l'activité neuronale augmente d'environ 20 % dans un circuit en pleine activation, localement, ce sont les neurones qui libèrent une molécule signal, le glutamate, qui va venir activer l'apport en carburant. Au niveau des petits vaisseaux, ceux qui se ramifient pour apporter oxygène et glucose aux cellules, la vasodilatation, c'est-à-dire l'augmentation du diamètre de ces vaisseaux, peut permettre d'apporter en quelques secondes quatre fois plus de carburant ! Le glutamate active au niveau des neurones la libération d'un gaz, l'oxyde nitrique de formule NO, qui va déclencher ce phénomène. De même, au niveau des cellules gliales, des médiateurs chimiques dénommés prostaglandines vont, sous l'effet du glutamate, soit dilater, soit contracter les vaisseaux sanguins. Ainsi l'équilibre du bien-être cérébral passe-t-il par des exercices physiques réguliers qui, par le biais de la libération d'endorphines, favorisent la libération cérébrale du gaz NO, et aussi les séances d'exercice intellectuel qui stimulent l'activation cérébrale et contribuent à améliorer la perfusion sanguine du cerveau.

Nicotine, tabac et énergie cérébrale : de mauvais amis

Les fumeurs connaissent l'effet relaxant de la nicotine. Au niveau cérébral, celle-ci mime les effets d'un neurotransmetteur excitant des neurones, mais qui relâche la paroi des vaisseaux sanguins, l'acétylcholine. Le problème, c'est que fumer entraîne progressivement une altération de la paroi des vaisseaux du cerveau qui va devenir peu efficace dans la production de ce gaz vasodilatateur, l'oxyde nitrique. De plus, des dérivés oxydants de l'oxygène, présents dans la fumée de tabac, très souvent inhalée, vont bloquer l'action de l'oxyde nitrique qui ne pourra plus exercer ses effets. En parallèle, l'augmentation du taux de nicotine dans le sang active la libération d'adrénaline, entraînant une contraction de la paroi des vaisseaux sanguins et, par conséquent, une diminution de l'approvisionnement en oxygène et en glucose aux neurones.

La perfusion cérébrale et l'apport régulier et efficace en glucose peuvent aussi être perturbés par des difficultés d'échange des molécules entre les cellules de la paroi des vaisseaux et les cellules gliales ou neuronales. Il est maintenant établi que l'hypertension artérielle, le diabète et le surpoids peuvent profondément modifier l'état des petits vaisseaux du cerveau et induire des lésions de la substance blanche comme des hémorragies microscopiques qui peuvent favoriser l'apparition d'une réaction inflammatoire de la paroi des vaisseaux sanguins. Celle-ci altère la qualité de l'apport en oxygène et en glucose et va progressivement modifier la qualité du fonctionnement neuronal. On peut d'ailleurs observer une corrélation entre le dosage d'un marqueur sanguin de l'inflammation, la protéine CRP, et les résultats des tests d'évaluation de la rapidité de décision qui explorent le fonctionnement du cortex frontal.

Des hormones qui protègent le cerveau

Comme nous l'avons vu, un excès de stress modifie la régulation hormonale et augmente la libération de cortisol. Cette hormone réduit la neurogenèse et diminue le phénomène de potentialisation à long terme des neurones, provoquant ainsi progressivement une altération de la mémoire épisodique. L'excès de cortisol réduit également le rôle inhibiteur du GABA, un neurotransmetteur, causant des phénomènes de toxicité neuronale et accélérant la perte des neurones dans l'hippocampe. Cependant, lors de stress d'intensité modérée, la sécrétion du cortisol, pendant deux à cinq heures, peut exercer des effets neuroprotecteurs en stimulant la production de BDNF. Cela explique l'action réparatrice de l'effet du cortisol dans les heures qui suivent une journée trépidante et stressante, par exemple. Les hormones œstrogènes chez la femme exercent un effet trophique et généralement bénéfique tout au long de la vie génitale active. Ces hormones stimulent la mémoire essentiellement par leur action opposée à celle d'un excès de cortisol. En particulier dans l'hippocampe, elles augmentent la potentialisation à long terme en favorisant l'encodage des faits récents et diminuent le mécanisme de dépression à long terme des synapses, c'est-à-dire réduisent les faits oubliés. L'un de leurs mécanismes d'action passe par la stimulation de la production du BDNF.

L'effet des hormones sexuelles sur le fonctionnement du cerveau est en réalité complexe. Elles peuvent agir sur leur récepteur présent dans le noyau des cellules, mais peuvent aussi affecter le fonctionnement de récepteurs membranaires qui, en réponse, moduleront l'activité de différents neurotransmetteurs. Ainsi, les œstrogènes renforcent généralement l'action du glutamate et de l'acétylcholine, tous les deux fortement impliqués dans le fonctionnement de l'hippocampe et donc de la mémoire. À l'opposé, la progestérone, autre hormone sexuelle féminine, agit également sur les synapses en renforçant notamment celles qui utilisent le GABA. Une augmentation de l'inhibition de certaines synapses de l'hippocampe et de l'amygdale sera responsable d'un effet anxiolytique, calmant, et aussi d'une stimulation de la plasticité des neurones de l'oubli dans l'hippocampe. En quelque sorte, l'équilibre entre la production d'œstrogènes et de progestérone sera bénéfique et protecteur sur la neurogenèse hippocampique, limitant ainsi une destruction trop rapide des neurones excitateurs et renforçant la survie des neurones nouvellement connectés issus du mécanisme de neurogenèse.

Un effet neuroprotecteur des hormones œstrogènes

Les œstrogènes agissent sur le cerveau d'abord par l'intermédiaire de leurs récepteurs mais aussi par des effets directs sur les synapses neuronales. Au niveau des réseaux de neurones, ces hormones augmentent globalement la réserve cognitive, notamment en s'opposant à l'effet du cortisol, l'hormone du stress. Ils favorisent l'excitabilité des neurones de l'hippocampe et activent la mémoire à court terme. De plus, ils activent la production de BDNF. Enfin, ils protégeraient les neurones par leur effet antioxydant. Cependant, leur effet ne peut devenir un miracle après la ménopause. En effet, vers l'âge de soixante ans, le déclin cognitif peut apparaître en même temps qu'une réduction d'activité des œstrogènes sur les neurones. Leur diminution brusque lors de la ménopause est souvent concomitante de la survenue des troubles de la mémoire, mais malgré de très nombreuses études, aucun lien causal direct n'a pu être véritablement établi entre ces variations hormonales et le déclin du cerveau lié à l'âge.

Les androgènes, notamment la testostérone, exercent aussi leurs effets sur le cerveau. La densité de leurs récepteurs est d'ailleurs élevée dans l'hippocampe, l'amygdale et le cortex préfrontal. Des observations menées chez les rongeurs indiquent qu'une diminution importante du taux de testostérone, provoquée par une castration, entraîne une forte diminution de la densité des synapses à la fois dans l'hippocampe et dans le cortex préfrontal. Chez l'homme, il est cependant argumenté qu'une baisse d'environ 60 % du taux de testostérone après quatre-vingts ans est corrélée avec une diminution de l'efficacité synaptique et de la rapidité du jugement. Curieusement, certains effets trophiques et neuroprotecteurs de la testostérone seraient liés à la transformation de cette hormone en œstrogènes sous l'effet d'un enzyme abondant du cerveau, l'aromatase.

Le cerveau produit aussi lui-même ses propres hormones stéroïdes, les « neurostéroïdes ». Curieusement, produits chez les deux sexes, ils ne sont pas fabriqués à partir des œstrogènes ou de la testostérone mais à partir d'autres précurseurs issus du cholestérol. Ils se comportent comme des neuromodulateurs en modifiant le fonctionnement des récepteurs du glutamate et des récepteurs du GABA. Ces neurostéroïdes, dont l'un des plus médiatisés est le sulfate de DHEA, peuvent activer les récepteurs du glutamate, notamment dans l'hippocampe, en activant la mémoire à court terme. De même, ils stimulent le fonctionnement des récepteurs du GABA en provoquant des effets calmants et anxiolytiques. De façon indirecte, ils sont capables d'exercer un effet neuroprotecteur s'opposant aux effets du cortisol, en activant la neurogenèse et la libération des neurotrophines. La plupart de ces observations ont cependant été menées chez l'animal et encore aucune étude concluante n'a pu être obtenue chez l'homme.

Sommeil, yoga ou méditation : d'autres moyens d'enrichir le cerveau ?

La détente, la sieste et le sommeil favorisent la récupération de la fatigue. En ce sens intervient le système nerveux autonome, dont les commandes sont situées dans le tronc cérébral et qui agit sur tous nos organes pour nous permettre de ressentir avec nos tripes. Selon l'ordre donné, deux systèmes d'action opposée vont agir sur les organes : le sympathique, sorte de « Yin » qui nous impulse de l'énergie par la libération de noradrénaline, notamment lorsqu'on est très actif ; le parasympathique, sorte de « Yang » s'opposant à l'effet du sympathique en exerçant un effet relaxant et calmant.

Un équilibre de l'effet de ces deux systèmes contrôlés par le cerveau est indispensable pour maintenir en bon état nos fonctions cognitives et mentales. Lors d'une sieste ou d'une journée de repos, la diminution de la charge de stress fait baisser l'effet de la noradrénaline qui nous stimule, mais qui, à la longue, fatigue les circuits neuronaux et facilite l'usure des neurones. Pendant le sommeil, notamment les trois premières heures où le sommeil profond domine, les neurotrophines, dont la production est activée sous l'effet des stress quotidiens, vont agir en stimulant la formation de nouvelles connexions et en favorisant la survie des neurones usés. Nos circuits fatigués par l'excitation effrénée du glutamate se réparent grâce au GABA, qui inhibe le fonctionnement de nos synapses.

Il existe bien sûr toute une foule de méthodes de relaxation, à la fois physique et mentale. On peut commencer par évoquer la pratique du yoga. Cette discipline issue de la philosophie indienne vise l'unification du physique, du psychique et de la spiritualité, notamment par la pratique d'exercices permettant de maîtriser son rythme respiratoire. Ces exercices vont imposer, par un contrôle volontaire à la fois de la durée et du rythme de chaque inspiration et de chaque expiration, une pression et une stimulation du nerf vague régulateur du système nerveux parasympathique. En apprenant à maîtriser sa respiration, on diminue l'activation du circuit hormonal du stress, et la libération de GABA augmente dans le cerveau. Cela facilite la sensation de relâchement, de bien-être, et réduit les effets du stress. Pour le démontrer, le groupe de Chris Streeter à la faculté de médecine de Boston, a mesuré le taux sanguin de cortisol et celui du GABA intracérébral, et a observé une baisse du cortisol sanguin et une augmentation du GABA chez des individus ayant pratiqué une séance de soixante minutes de yoga. De plus, les pratiquants ressentaient à l'issue de la séance une diminution de l'anxiété et une humeur positive.

La méditation est aussi une pratique qui fait beaucoup d'adeptes car elle enrichit l'esprit et permet de se débarrasser des contraintes liées au stress. Mais que se passe-t-il quand on médite ?

Pour Marc Williams, auteur de l'ouvrage *Méditer pour ne plus stresser*, l'esprit n'existe pas séparément du corps. Pour lui, un entraînement de l'esprit par la méditation peut soulager notre corps. Il prône une utilisation médicale de la méditation qu'il dénomme la « méditation de pleine conscience ». Cette pratique vise à entraîner notre conscience à se concentrer sur ses sensations, à un moment présent, puis à apprendre peu à peu à la réguler. Pour observer ce qui se passe dans le cerveau, Wendy Hasenkamp, à Atlanta, a expérimenté une étude d'imagerie cérébrale chez des méditants pendant des séances de vingt minutes. Il leur a demandé d'appuyer sur un bouton dès qu'ils se rendaient compte que leur esprit s'échappait. Il a alors démontré que le cerveau activait un cycle de réseaux de neurones organisé en quatre phases : 1) le vagabondage mental active le cortex sensoriel et l'insula ; 2) le patient devient conscient de son vagabondage mental et le cortex cingulaire s'active (cerveau des émotions) ; 3) l'attention se déplace par une activation du cortex pariétal et frontal latéral ; 4) l'échappement de l'esprit devient perceptible lorsque les connexions activent le cortex préfrontal postérieur, déclenchant alors une sensation de bien-être. Ce cycle de connexions successives en réseau se répète tout au long de la séance et procure une relaxation bienfaisante et un sentiment de bien-être.

Le groupe d'Eileen Luders à Los Angeles s'est intéressé aux modifications de structure du cerveau chez ceux qui pratiquent la méditation, et les résultats sont surprenants. Après huit semaines de méditation, une augmentation des connexions entre différentes régions du cerveau s'effectue. Dans l'hémisphère gauche surtout, on observe une augmentation de la densité des connexions entre le lobe temporal gauche, le lobe frontal et le lobe pariétal. De plus, le cortex du lobe temporal s'épaissit. Par ailleurs se produit également une augmentation des connexions entre les neurones du cortex et ceux du tronc cérébral, impliqués dans la régulation du rythme du cœur et de la respiration. De même, le groupe de Sarah Lazar, à Boston, a observé une augmentation d'épaisseur du cortex préfrontal gauche chez les adeptes réguliers de la pratique de méditation. Toutes ces observations témoignent de l'influence de la pensée volontaire sur la régulation des émotions et le *self-control.* Enfin, dans le sang s'observe une baisse rapide et très significative du taux de cortisol, l'hormone du stress.

Quand méditer enrichit le cerveau

Des observations récentes en imagerie du cerveau, technique capable de mesurer la densité des axones, ont démontré une augmentation de la plasticité cérébrale chez un groupe de vingt-sept pratiquants réguliers utilisant les méthodes Shamata, Vipassana ou Zazen. Les images indiquent une augmentation de la densité des connexions neuronales dans les réseaux de neurones unissant le lobe temporal, le lobe frontal et le lobe pariétal du côté gauche. Certaines de ces connexions sont impliquées dans l'attention spatiale et dans le contrôle volontaire de la concentration mentale. Les images obtenues semblent indiquer une augmentation de la synthèse de myéline, l'isolant des neurones. De même, par rapport à un groupe témoin d'âge comparable, on n'observe pas de réduction de la densité des neurones, notamment dans le lobe temporal. Ainsi, même sans activité physique associée, chez ces pratiquants de la méditation, la gymnastique mentale module les connexions cérébrales, diminue le déclin cognitif et réduit le stress.

Envie, motivation, bien-être et bonheur : une source permanente d'enrichissement

La perception du plaisir et du bonheur siège aussi dans le cerveau. Le maintien d'un bon moral est également une source de richesse et de bien-être car il facilitera la motivation et l'envie, pour à la fois se maintenir en forme et conserver de bonnes capacités cognitives. Il faut cependant distinguer le plaisir immédiat, celui ressenti par la consommation d'un carré de chocolat par exemple, du ressenti plus complexe du bonheur au sens large, c'est-à-dire l'intrication d'un état global de perception d'un bien-être dans sa vie de tous les jours.

Pour Aristote, le bonheur dépend du mélange de deux composants : le plaisir ou *hédonie* et le bien-être ou *eudaimonie*. Le plaisir est la composante rapide et émotionnelle qui traduit notre satisfaction à l'obtention et au ressenti de la récompense obtenue. L'*eudaimonie* représente une intégration mentale et cognitive d'une somme de multiples moments de plaisir et traduit ainsi la composante cognitive du bonheur, ou cette impression globale d'une vie réussie. Dans la perception du « moral » existe cet effet si essentiel de l'hormone cérébrale du désir, la dopamine. Le désir est surtout lié à l'action de cette dernière, libérée dans le tronc cérébral. Les effets de la dopamine vont activer le striatum, puis certaines aires du cortex frontal. Dans ce cortex, c'est surtout la région antérieure du cortex orbito-frontal qui s'active pour nous faire ressentir le plaisir, de même que l'insula. Tous les deux sont situés dans le cerveau limbique ou cerveau des émotions. La perception cognitive globale du bien-être, c'est-à-dire l'*eudaimonie*, laisse encore beaucoup de mystères aux neurobiologistes. Il semble que des connexions s'établissent entre le striatum, le lobe orbito-frontal et la partie plus postérieure du lobe frontal impliquée dans l'évaluation cognitive de la perception de soi. Là interviennent, en plus de la dopamine, d'autres clés chimiques essentielles : les endorphines, le GABA et la sérotonine. Lors du vieillissement, ce circuit intégré en un réseau reliant tronc cérébral, cortex préfrontal antérieur et cortex frontal postérieur voit souvent son activité réduite, limitant ainsi les capacités de projection et d'évaluation de la sensation de bien-être au profit de perceptions conservées du plaisir immédiat, du fait d'un fonctionnement mieux préservé du cortex orbito-frontal.

Finalement, on peut distinguer plus simplement deux parties du cerveau qui nous rendent capables de nous sentir bien : le cerveau limbique construit la sensation de plaisir, c'est-à-dire l'émotion, et l'envoie immédiatement au système nerveux autonome qui réagit et nous fait ressentir la sensation procurée. Mais notre cerveau est complexe : en même temps, il envoie cette même sensation au cortex frontal pour qu'il l'évalue, lui donne une valence plus ou moins positive et la mémorise ; en quelque sorte, c'est là que le désir se transforme en une véritable motivation de recherche du plaisir ainsi procuré. À ce jeu deux régions situées à droite et à gauche dans le cortex orbito-frontal sont utilisées soit pour percevoir un affect positif, optimiste, perçu comme plaisant, soit un affect négatif ou plus neutre, perçu comme beaucoup moins agréable. Cette perception finale est modulée par l'effet des endorphines, ces morphines naturelles du cerveau qui nous donnent cette humeur parfois très euphorique, et par la sérotonine, une autre clé chimique indispensable à l'interprétation finale de la perception motivante du plaisir ressenti.

La chimie du moral et de la motivation

Si quelques clés chimiques ne peuvent ouvrir les secrets du cerveau, il faut noter que deux d'entre elles, la dopamine et la sérotonine, vont souvent de pair pour influencer notre moral et notre aptitude à être positif.

La dopamine active la prise de décision rapide dans le lobe frontal, tout en stimulant le démarrage du mouvement dans le lobe pariétal. C'est en quelque sorte le messager cérébral qui nous motive et nous pousse à agir. Elle peut agir sur deux récepteurs ou deux types de serrures différentes qui actionneront des réseaux de neurones d'effet opposé. Les récepteurs D1 produiront le démarrage de l'action, ce que les neurobiologistes dénomment l'« effet *go* ». Son effet sur les récepteurs D2 produira un refus d'agir provoquant dans ce cas une sorte de réaction de retrait, de survie face au danger ; c'est l'« effet *no go* ». Pour réguler l'action de la dopamine, le cerveau utilise la « sérotonine ». Celle-ci, inhibe généralement les effets de la dopamine, ou tout au moins module et tempère son effet. La sérotonine nous aidera à démarrer une action plus modérée, moins instantanée. Un excès de libération de sérotonine peut parfois nous plonger dans l'incapacité d'agir ou plutôt de réagir face à une situation qui devrait mettre en jeu une décision rapide : on est alors tétanisé et on ne sait comment faire. C'est l'inhibition de l'action, stratagème que l'on utilise parfois face à un stress qui nous dépasse.

Au cours de l'évolution des hominidés, l'influence de ces deux clés chimiques, à la fois sur le cerveau de la décision (cortex préfrontal) et sur le cerveau des émotions (système limbique), a permis d'améliorer la capacité de l'homme à s'adapter à son environnement. Succinctement, on peut dire que la dopamine facilite l'augmentation d'efficacité de la prise de décision alors que la sérotonine adapte notre comportement relationnel en agissant à la fois sur la perception des émotions et sur la modulation de notre interaction avec les autres.

La production intracérébrale de sérotonine nous apporte sans doute la sérénité et nous permet de nous adapter à notre environnement. Néanmoins, c'est une arme à double tranchant car sous son effet, nous serons plus exposés à percevoir le bonheur et les situations heureuses, mais en contrepartie, nous serons aussi plus exposés aux effets du stress. Cela explique sans doute pourquoi les antidépresseurs qui augmentent le taux cérébral de sérotonine ne sont efficaces que si l'environnement proche est peu stressant. Si le taux de sérotonine baisse sensiblement, on sera moins sensible aux effets de l'environnement donc, sans doute, la perception du bonheur sera moins forte et, en contrepartie, on sera moins affecté, tout au moins émotionnellement, par une situation stressante. En somme, les fluctuations du taux cérébral de la sérotonine nous permettent une adaptation à tout type d'environnement à la fois pour le meilleur et pour le pire.

Possiblement, l'efficacité de l'effet de la sérotonine dans le cerveau diffère d'une personne à une autre. En ce sens, plusieurs études de génétique démontrent que nos gènes jouent sur la capacité du cerveau à transporter et à dégrader la sérotonine. Ainsi, deux gènes impliqués dans la capacité du cerveau à modifier la quantité disponible de dopamine et de sérotonine semblent réellement impliqués dans les capacités cognitives, la gestion des émotions et l'appréciation du bien-être moral. Le premier correspond au gène COMT, gène d'un enzyme qui dégrade la dopamine. Ce gène existe en deux variants : le V158, responsable d'une rapidité de connexion plus réduite dans le cortex préfrontal ; le M158 responsable d'une mémoire de travail plus rapide. Cela dit, les porteurs du M158 ont tendance à être plus anxieux et plus émotifs que ceux qui portent le variant V158. Le second gène correspond au transporteur cérébral de la sérotonine pour lequel il existe deux variants décrits au chapitre 3. Le variant S produit un transport moins efficace de la sérotonine, par rapport au variant L. D'après les travaux de Jan-Emmanuel De Neve à Londres, posséder l'un ou l'autre de ces variants affecte notre perception du bonheur. Le transporteur de sérotonine semble donc impliqué dans le risque de devenir déprimé et dans nos capacités à nous adapter aux situations stressantes de l'environnement.

Quand la génétique nous aide à être heureux

Il existe bien une prédisposition naturelle et génétique à apprécier notre environnement et notre qualité de vie. C'est ce qui contribue à avoir un penchant naturel à être plutôt optimiste ou plutôt pessimiste. C'est ce qu'ont démontré plusieurs études portant sur le gène du transporteur de la sérotonine dans le cerveau. Il existe deux variants de ce gène : une forme longue et une forme courte. Cette dernière code un transporteur moins efficace que celui codé par la forme longue. Les sujets ayant deux copies de la forme courte ont un tempérament plus pessimiste et seraient plus sensibles aux troubles de l'humeur et à la dépression. En effet, chez ces individus, la réaction émotionnelle face à un stress est plus élevée et ils sont moins robustes à réagir face à des situations négatives à leur bien-être. Jan-Emmanuel De Neve a étudié un groupe de 2 574 individus londoniens. Il a observé que 35 % des individus porteurs de deux copies longues du gène se déclaraient « très satisfaits » de leur vie, se considérant « heureux », alors que seulement 19 % de ceux possédant deux variants de la forme courte rapportaient le même sentiment.

Le cerveau apprend à s'adapter et réagit en permanence

Si l'influence des gènes rend possible la modification de l'effet chimique de certaines hormones, la variabilité extrême des capacités mentales humaines et la capacité d'adaptation du cerveau, c'est-à-dire sa plasticité, dépendent de cette incessante réorganisation des neurones et de leurs connexions. Ainsi, dès la naissance, les réseaux de neurones sont constamment modifiés par l'effet de l'environnement, et notamment par le contact social qui débute avec la relation mère-enfant, puis l'apprentissage et enfin, plus tard, l'apprentissage et la répétition des expériences et du vécu.

Le cerveau humain ne peut se contenter d'un enrichissement lié à la pratique d'un sport et à la pratique régulière d'une stimulation intellectuelle et culturelle. Le contact social représente le plus efficace stimulant de la plasticité des neurones. Cette capacité à s'enrichir au contact des autres est particulière aux primates, surtout chez les grands singes et chez les hominidés. Ainsi, le contact social, l'échange et le partage de nombreuses activités modulent fortement nos capacités de plasticité cérébrale. Par exemple, l'isolement excessif favorise la baisse d'estime de soi, qui à son tour s'accompagne d'une réduction de volume de l'hippocampe, d'une impulsivité et d'une réduction d'efficacité du cortex préfrontal. La relation sociale favorise l'émotion positive, renforce l'empathie et stimule la libération d'ocytocine qui exerce non seulement un effet antistress, mais aussi stimule la production cérébrale des neurotrophines qui régénèrent nos neurones détruits. Ce qui forge ainsi notre personnalité et ses différences avec l'autre, c'est la force et l'efficacité des modifications de ces connexions neuronales.

La plasticité du cerveau s'organise à plusieurs niveaux et à tous les âges. Les données récentes de l'imagerie démontrent une augmentation de volume de certaines régions du cortex après une période soutenue d'un apprentissage, alors que d'autres régions qui subissent un stress répété perdent des connexions et voient leur volume se réduire. La plasticité concerne aussi la variation du nombre de connexions et leur efficacité. La plasticité est fortement dépendante du rôle de l'environnement extérieur. Il est par exemple bien argumenté que ce sont les stimuli visuels qui permettent le développement des connexions dans le cortex visuel dans les premiers mois de la vie. Le développement de l'hypothalamus dépend, lui, de l'effet de la testostérone chez le fœtus mâle orientant ainsi la différenciation sexuelle. Chez l'adulte, la plasticité peut se manifester également par une suppléance d'une région par une autre. Cela est facilement observé par les orthophonistes qui rééduquent la parole chez des sujets ayant subi une lésion d'une partie du centre du langage provoqué par une hémorragie. Des exercices répétés permettront de retrouver une articulation correcte de la plupart des mots courants grâce à l'effet de nouvelles connexions qui vont venir suppléer les neurones ayant été détruits par l'hémorragie.

En conclusion, oui, le cerveau peut s'adapter à de nombreuses situations, mais au fur et à mesure de l'âge, l'idéal est de l'entretenir en stimulant les activités qui le protègent et en encourageant la vie sociale, l'interaction et les échanges humains, le meilleur garant du bien-être. Après l'âge de soixante ans, les effets du vieillissement peuvent commencer à se manifester par un déclin progressif, mais comme nous le verrons dans le prochain chapitre, nos capacités mentales ont encore du ressort pour faire face à ces nouvelles modifications structurales liées aussi en grande partie à la qualité de notre environnement.

Chapitre 6

Le vieillissement et le déclin

« L'ardeur d'un sang un peu vif ne s'éteint pas avec l'âge. »

Sophocle, *Œdipe à Colone.*

Quand ça marche moins bien parce qu'on n'a plus vingt ans

Quand la vieillesse commence à manifester le poids des années, c'est souvent aux modifications du visage qu'on prête les premiers signes : une peau qui se relâche, moins élastique et progressivement ridée. Dans le cerveau, enfermé dans sa boîte crânienne, surviennent aussi des signes de vieillissement. Contrairement à une idée répandue, on perd très peu de neurones lors du vieillissement normal du cerveau ; par contre, la rapidité des communications et l'efficacité des connexions entre les neurones amoindrissent. Au terme de la vie, le cerveau diminue de volume et de poids, perdant progressivement 250 g. Clairement, le cerveau perd de la matière, essentiellement de la substance grise. Le volume global du cortex, pesant environ 400 g chez le jeune adulte, perd 1 % de masse par an après l'âge de soixante-dix ans. Les marques du vieillissement affectent aussi la densité des synapses et le nombre des connexions nerveuses, qui diminue au fur et à mesure de l'âge. L'épaisseur de la myéline, diminue, ralentissant la vitesse des connexions nerveuses. De même, la densité des vaisseaux sanguins se réduit. Toutefois, la diminution du volume du cortex ne touche pas toutes les régions du cerveau de la même manière. Ce sont surtout l'hippocampe, siège de la mémoire, et le cortex préfrontal, siège de l'exécution de l'action, qui vieillissent le plus rapidement, alors que le cortex moteur et le cortex visuel subissent peu d'altérations. Ici, bien sûr, « vieillissement » signifie une diminution des connexions et donc de la densité des synapses, provoquant une réduction des capacités de communication et d'échange dans nos réseaux de neurones.

Comment ça se passe ? On a tous un jour été submergés de tâches et d'occupations répétées qui induisent un stress transitoire. Dans ces circonstances, on oublie une des quinze choses que l'on avait planifié de faire dans sa journée, on stresse, on s'énerve, on ne sait plus où on a posé son téléphone, ses lunettes ou ses clés, on est anxieux et parfois on se dit : « C'est parti, j'ai peut-être la maladie d'Alzheimer ! » En réalité, ces troubles de mémoire lors d'épisodes de stress de durée brève sont normaux et habituels, puisque la libération d'adrénaline concentre notre énergie attentionnelle sur l'action immédiate, ralentit d'autant notre raisonnement et diminue l'efficacité d'organisation de l'action normalement planifiée par le cortex frontal. Les véritables formes de mémoire qui s'altèrent le plus avec l'âge sont la mémoire épisodique et la mémoire de travail. La mémoire épisodique concerne celle d'événements personnellement vécus avec leur contexte (date, lieu, circonstances). C'est cette forme de mémoire dite « à long terme », car elle fonctionne sur plusieurs jours, qui s'altère le plus vite avec l'âge. Par exemple : il y a trois jours, mon fils m'a téléphoné pour m'indiquer qu'il serait absent ce week-end pour un déplacement professionnel à Londres : je ne me souviens que de la date mais pas du lieu, ni du contexte (la raison du déplacement). Il y a donc un défaut d'encodage, de stockage ou de récupération des informations normalement mémorisées. La seconde forme de mémoire qui décline avec l'âge est ce qu'on appelle la « mémoire de travail ». Cette dernière est une forme de mémoire à court terme, comme par exemple lorsque quelqu'un vous donne un numéro de téléphone à retenir car vous n'avez pas où le noter. Vous devez alors vous le répéter intérieurement au moins pendant quelques dizaines de minutes pour pouvoir le mémoriser et vous en rappeler. C'est la même forme de mémoire qu'utilisent généralement les garçons de café qui se souviennent successivement, mais dans un délai assez court, du contenu de quelques commandes de clients ! Cette forme de mémoire s'altère nettement en avançant dans l'âge. Ces formes de mémoire, notamment la mémoire épisodique, restent le plus souvent intactes jusqu'à l'âge de soixante-cinq ans. Après, le plus souvent, elles s'altèrent assez rapidement, perdant environ 20 % de leurs performances à l'âge de quatre-vingts ans. De façon très curieuse, l'intensité de ces pertes de mémoire est très irrégulière selon les individus, même ceux ayant exactement le même âge.

Cela a permis aux neuropsychologues d'imaginer le concept de « réserve ». Ce concept prétend que, chez ces personnes, le fonctionnement normal et inaltéré de certaines régions comme le cortex frontal compense le défaut de fonctionnement qui peut caractériser des régions voisines du cortex. Pour d'autres chercheurs, il existe aussi une réserve dite « cognitive ». Ici, c'est l'accumulation des connaissances et la stimulation répétée de la mémoire qui active le fonctionnement du lobe frontal. Là aussi, on observe chez ces personnes, même à un âge avancé, une intégrité des fonctions cognitives. Chez elles, l'augmentation des performances de certaines régions du cortex rend invisible la présence et l'effet d'altérations de régions voisines. Ces personnes s'adaptent mieux aux effets du vieillissement cérébral du simple fait de la présence de certaines aires cérébrales qui fonctionnent avec une performance très élevée.

Quand on commence à perdre la tête !

Tout le monde se rend compte qu'avec l'âge, en général à partir de soixante-dix ans, certaines capacités cognitives sont moins efficaces. Si la mémoire de notre propre vie (autobiographique), la mémoire à court terme, la mémoire des mots et la mémoire émotionnelle restent bien préservées tout au long de la vie, la mémoire d'apprentissage, la mémoire épisodique et la rapidité du raisonnement commencent à décliner. Cela est tout à fait normal et témoigne de la mise en route d'un phénomène de vieillissement du cerveau. Par contre, les connaissances acquises et la mémoire à long terme restent longtemps intactes, et leur déclin s'accélère généralement trois à six ans avant la mort. Les deux régions du cerveau qui vieillissent le plus vite et qui peuvent permettre d'expliquer ces changements sont le cortex préfrontal et l'hippocampe. Le cortex préfrontal diminue très progressivement de volume et les communications neuronales utilisant la dopamine et la sérotonine s'altèrent. C'est notamment les connexions entre le striatum et le cortex frontal qui utilisent la dopamine et ses récepteurs qui dégénèrent, altérant ainsi notre rapidité de raisonnement et l'énergie de notre volonté. Si l'hippocampe s'altère, son vieillissement est moins rapide que celui du cortex frontal. Ainsi, la mémoire à court terme reste conservée, mais l'encodage et le stockage qui utilise des connexions entre l'hippocampe et le cortex frontal sont moins efficaces, entraînant alors des troubles de la mémoire épisodique.

Le cerveau commence à prendre des rides !

Si les altérations progressives de nos capacités cognitives témoignent du vieillissement du cerveau, Anna Hedman, radiologue à l'institut des neurosciences d'Utrecht, a voulu observer si cela se traduisait par une réduction de la taille du cerveau. Pour cela, elle a compilé cinquante-six travaux d'imagerie réalisés dans différents hôpitaux, chez plus de 2 200 individus âgés de quatre à quatre-vingt-huit ans. Après sa phase de maturité terminale, vers vingt-cinq ans, le cerveau concerve ses capacités intactes jusqu'à l'âge de trente-cinq ans. Entre trente-cinq et soixante ans, on observe une légère réduction de la masse de substance blanche, environ 3 g par an. Après soixante ans, la perte s'accélère et le cerveau perd 6 g chaque année et plus de 10 g par an après l'âge de quatre-vingts ans.

La perte de volume s'explique par une diminution de l'épaisseur des gaines de myéline et aussi par une modification du nombre et de la forme des cellules nourricières des neurones, les cellules gliales. Est-ce que cela signifie que l'on perd des neurones ? En réalité, non ou du moins très peu. La majorité des neurones survit mais leurs dendrites se rabougrissent et la densité des connexions neuronales diminue. Les neurones perdent de petites dendrites appelées épines, dont la réduction peut atteindre 30 % dans certaines régions du cortex, notamment le préfrontal. Cela va altérer la qualité et l'efficacité des connexions, notamment celles qui utilisent le glutamate comme clé chimique.

Donc, avec le vieillissement, il ne se forme pas de trous dans le cerveau. De même, la mort neuronale est un phénomène très limité. Par contre, la diminution de volume qui affecte certaines régions, notamment le cortex préfrontal, est surtout liée à la diminution de la densité des dendrites qui dégénèrent progressivement, c'est-à-dire deviennent plus clairsemés. Cependant, il ne faut pas dramatiser, ces altérations sont très progressives et s'accompagnent surtout d'une diminution d'efficacité des synapses. Il semble que ce sont surtout les connexions à longue distance entre des aires assez éloignées qui sont altérées, probablement par une dégradation de la gaine isolante des fibres longues. Un autre mécanisme propose que si les fils sont altérés, c'est aussi la communication chimique à longue distance utilisant la dopamine, l'acétylcholine mais également le GABA qui est réduite au fur et à mesure de l'âge. De même, la production et la libération de ces vitamines du cerveau, les neurotrophines, diminue avec l'âge. Lors de la répétition d'exercices physiques réguliers, mais aussi en réitérant une activité mentale et relationnelle stimulante, l'homme âgé reproduit une succession d'épisodes de stress d'intensité moyenne qui réenclenche la production de dopamine, d'acétylcholine et aussi de neurotrophines.

Les cellules gliales, celles qui nourrissent les neurones, subissent aussi des altérations. Elles accumulent des protéines vieillies, brûlent moins bien l'oxygène et produisent des molécules dérivées de l'oxygène très réactives qui vont en quelque sorte agresser le milieu environnant et surtout les neurones.

Le cerveau ne vieillit pas de façon globale, mais un grand nombre de ses cellules subit une altération génétiquement programmée de leurs mécanismes de maintenance, d'élimination des déchets et de protection contre l'un des toxiques les plus fréquents formés dans les cellules : les dérivés de l'oxygène.

Donc, l'une des hypothèses de l'accélération du vieillissement cellulaire tient à une accélération de l'effet délétère de molécules qui dérivent de l'oxygène et que les biochimistes dénomment les « radicaux oxydants ». Normalement, rapidement dégradés dans nos cellules, ils se forment probablement en plus grande quantité avec l'âge, notamment dans ces minuscules chaudières de nos cellules, les mitochondries, petits sacs qui consomment l'essentiel de l'oxygène. Ces dernières brûlent les carburants simples, surtout le glucose et les acides gras, en consommant de l'oxygène. Ces chaudières perdent du rendement avec l'âge et libèrent des dérivés de l'oxygène « mal brûlés », ces fameux radicaux oxydants. Mais la cellule a des moyens de lutte contre ces radicaux, qui fonctionnent très bien quand on est jeune, mais dont l'efficacité diminue au fur et à mesure de l'âge. Ces moyens de lutte utilisent des enzymes qui détruisent les radicaux oxydants tels l'eau oxygénée.

De plus, les neurones utilisent moins bien leur énergie issue de la combustion du sucre. Le rendement de chaque cellule diminue, ce qui perturbe petit à petit l'efficacité des connexions électriques entre les neurones, et altère aussi notamment la production et la libération de clés chimiques essentielles qui boostent les communications neuronales à grande distance.

Finalement, avec l'âge, les ingrédients de nos cellules, ADN, lipides et protéines, s'oxydent, donc « rouillent » en quelque sorte, et s'abîment, perturbant ainsi le fonctionnement des cellules en accélérant parfois leur mort. On peut facilement expliquer cette théorie, même si elle ne peut résumer à elle seule tous les mécanismes du vieillissement.

Des cellules et des molécules qui rouillent

On connaît tous les effets de la rouille, ce phénomène d'oxydation des molécules contenu dans nos cellules. L'un de ces phénomènes s'illustre par le grisonnement des cheveux qui survient fréquemment quand on atteint l'âge de cinquante ans. Les enzymes qui détruisent normalement l'eau oxygénée dans les cellules du cheveu sont de moins en moins efficaces, et il se produit une décoloration naturelle du pigment contenu dans les cheveux. Les taches brunes qui apparaissent sur le dos des mains des personnes âgées sont un autre exemple de rouille. Elles résultent de l'accumulation d'agrégats de protéines et de lipides oxydés formant un pigment, la lipofuscine, que les cellules ont du mal à éliminer avec le temps. Dans le cerveau, la rouille existe aussi et se traduit par l'accumulation de lipides et de protéines oxydées. Celle-ci déclenche une toxicité pour les neurones dont le fonctionnement est altéré et va se traduire par une réduction du fonctionnement des synapses. En plus, le nombre de mitochondries, ces petites centrales qui produisent de l'énergie, diminue, altérant ainsi l'efficacité des communications électriques entre les neurones.

Vieillir et dépérir : une vulnérabilité de certains neurones

Il est tout à fait étonnant d'observer, en pratiquant des autopsies, que, chez nous tous, se produit un vieillissement cellulaire dans presque toutes les régions du cerveau, et pourtant certains de nos semblables vivent très bien leur vieillesse, entourés de leur famille, restent battants, curieux et vifs d'esprit alors que d'autres au même âge ont de gros troubles de mémoire, dépriment facilement et sont souvent seuls. En réalité, il existe une très grande variabilité dans le vieillissement apparent du fonctionnement de notre cerveau et de notre mental selon les individus. Les neurobiologistes ont établi depuis plusieurs années que toutes les aires du cerveau ne sont pas altérées en même temps et que le degré de vieillissement pouvait différer d'une personne à une autre. La plupart des altérations cellulaires : oxydation des lipides et des protéines, diminution de la production d'énergie, lésions de l'ADN, sont exacerbées dans certains neurones mais pratiquement pas dans d'autres, situés dans une aire voisine. Il semblerait que les neurones de grande taille dont l'axone possède une gaine épaisse et qui connectent des aires éloignées l'une de l'autre soient plus sensibles aux agressions liées au vieillissement. C'est par exemple le cas des neurones de l'hippocampe et de certains neurones du cortex frontal et du cortex moteur. L'autre explication provient de la stimulation accrue du fonctionnement des neurones impliqués dans la mémoire, le raisonnement et la prise de décision. Ceux-ci sont particulièrement sollicités et sont donc plus fragiles au cours du vieillissement.

Quand nos horloges se dérèglent

L'homme, comme la plupart des êtres vivants, possède sa propre horloge qui contrôle le rythme du fonctionnement des organes de son corps, dont le cerveau bien sûr. Elle est liée au fonctionnement d'un minuscule noyau de neurones ne contenant que vingt mille cellules, et situé dans l'hypothalamus. Chaque cellule de cette horloge est capable de battre le rythme du temps selon un cycle de vingt-quatre heures environ, adapté ainsi à l'alternance jour-nuit imposée par notre environnement naturel. Cette horloge commande différents gènes qui imposent une rythmicité propre à plusieurs aires du cerveau. L'effet qu'imprime le fonctionnement de cette horloge cérébrale est perceptible par ses conséquences pratiques sur nos capacités mentales. La synchronisation du fonctionnement de cette horloge s'amenuise au fur et à mesure de l'âge et perturbe la libération de clés chimiques essentielles à diverses fonctions du cerveau. Ces perturbations sont très certainement liées à un déséquilibre des connexions à longue distance qui s'opèrent notamment entre l'hippocampe, le lobe frontal et le cerveau des émotions. Il s'agit surtout de la mélatonine qui régule le sommeil, de la dopamine fortement impliquée dans la stimulation de notre volonté ;

et de la sérotonine très importante pour réguler notre humeur.

Aussi, pour faire simple, si on dort bien et qu'on se lève avec un bon moral, un dynamisme et une détermination, cela est de bon augure pour réussir sa journée. La qualité et la durée du sommeil sont variables et certains sont « du matin » alors que d'autres sont plutôt « du soir ». Le vieillissement va altérer la sensibilité de notre horloge aux effets de l'alternance jour-nuit et va diminuer la sécrétion de mélatonine, cette hormone du cerveau qui induit le sommeil. De plus, les troubles du sommeil sont fréquemment observés chez les sujets âgés et s'accompagnent souvent de troubles de la mémoire. En effet, la mémorisation est fortement liée à la bonne qualité des phases du sommeil. L'hippocampe, par le biais de l'action du glutamate et du GABA, stocke progressivement les événements mémorisés pendant la journée dans différentes régions du cortex et régénère ses connexions sous l'effet des neurotrophines, ces vitamines du cerveau notamment libérées pendant le sommeil profond. Puis, lors des phases de rêve, d'autres phénomènes libèrent l'hippocampe de détails qui encombrent notre mémoire, ce qui facilite l'oubli. De plus, chez les personnes âgées, une perturbation dans la libération de sérotonine s'accompagne souvent de perturbations marquées de l'humeur qui devient plus instable, et entraîne des périodes de lassitude et de déprime, habituellement inexpliquées, pouvant s'aggraver jusqu'à une dépression qui dure plusieurs semaines. En fait, c'est sans doute la stimulation régulière de la libération de sérotonine qui renforce le fonctionnement correct de notre horloge cérébrale en synergie avec la production de neurotrophines comme le BDNF. Pour prévenir et éviter la perturbation de ces rythmes biologiques, faut-il, comme on l'expliquait dans le chapitre 4, pratiquer régulièrement un exercice physique, puis utiliser et stimuler régulièrement ses fonctions cognitives qui activent la libération de sérotonine et du BDNF ?

Quand vieillesse rime parfois avec déprime : une question d'horloge ?

Avec l'âge, assez souvent apparaissent des troubles du sommeil et une difficulté d'adaptation face aux rythmes de la vie, soit au niveau d'une journée, soit au niveau des saisons. Peuvent alors apparaître des troubles de l'humeur ou un manque d'énergie souvent liés à une modification du taux cérébral ou du fonctionnement des neurones qui utilisent la sérotonine. Celle-ci, baptisée parfois « hormone du bien-être et de la sérénité », régule en effet de très nombreuses fonctions du cerveau, notamment l'humeur et la capacité mentale à percevoir le bien-être et le bonheur. Il est par exemple bien connu qu'un manque d'ensoleillement dans la première partie des journées d'hiver modifie la sécrétion de sérotonine dans le tronc cérébral, affecte l'humeur et peut alors se traduire par ce qu'on appelle la « dépression saisonnière d'hiver ». Ce type de trouble de l'humeur peut d'ailleurs être facilement traité par des médicaments antidépresseurs qui augmentent le taux cérébral de sérotonine ou encore par une exposition régulière à une luminosité suffisante dans les premières heures de la journée. Dans ce cadre, on est tous différents puisque, en fonction de notre génétique, on sera plus ou moins sensible à ces variations de l'humeur liées à l'exposition lumineuse.

Perte d'envie et de motivation : une histoire de clés chimiques

La dépression, la perte de motivation, la baisse d'énergie et d'envie sont des comportements observés chez environ 30 % des personnes âgées de quatre-vingt-cinq ans et plus. Au-delà de nombreuses causes liées à l'isolement, la perte de repères ou encore la crainte de la maladie, il existe tout simplement une diminution progressive de l'effet de la dopamine. Des observations d'imagerie cérébrale démontrent qu'à partir de l'âge de cinquante ans, le nombre de récepteurs de la dopamine dans le cerveau, et surtout dans le cortex préfrontal, diminue de 10 % tous les dix ans. De même, le cerveau fabrique moins de transporteurs de cette hormone, au fur et à mesure du vieillissement. La stimulation si souvent prodiguée pour favoriser le déclenchement d'un regain d'énergie et de dynamisme est donc souvent inefficace face à cette altération de l'effet de la dopamine. Rappelons que la dopamine est produite dans le tronc cérébral et libérée dans le lobe frontal où elle active le circuit de la motivation et du désir en même temps qu'elle stimule le démarrage des activités motrices.

L'étude de l'action modulatrice de la dopamine indique son effet important dans l'activation et la régulation des connexions, c'est-à-dire de communications entre le lobe frontal, ce véritable centre décisionnel du cerveau, et toutes les informations envoyées par les autres aires qui y convergent : informations sur l'endroit et l'espace où l'on se trouve, activité motrice et sensitive perçue à un moment précis, informations émotionnelles intégrées éventuellement au même moment, qui sont analysées et traitées pour être adressées très rapidement à ce réseau de neurones si particulier qui détermine notre mémoire de travail, c'est-à-dire ce que l'on doit ou ce que l'on va faire dans les secondes ou les minutes qui suivent l'ensemble de ces perceptions de notre environnement immédiat.

Lors du vieillissement, c'est ce comportement exécutif qui est perturbé par un déclin progressif de ces connexions longues entre les différentes aires du cerveau qui convoient ces informations vers le lobe frontal. Chez les personnes âgées, ce type de comportement, dénommé parfois « frontal », se manifeste par une désorganisation de ces connexions entraînant une diminution de l'intérêt et de l'activité, une incapacité à planifier ce qu'on veut faire, une tendance dépressive, un comportement souvent déconnecté de la situation environnementale immédiate et parfois désinhibé. Les troubles de l'humeur associés au déclin progressif lié à l'âge s'expliquent par un effet progressivement réduit de l'effet de différentes clés chimiques : la noradrénaline, la dopamine et la sérotonine. La diminution d'efficacité de la noradrénaline va surtout affecter notre tonus, notre envie instantanée et cette forme de débordement d'énergie soudaine qui s'étiole avec l'âge. La baisse d'activité de la dopamine traduit ce ralentissement à désirer quelque chose, à planifier le futur immédiat et à se projeter dans l'activité du jour même ou du lendemain. Enfin, la baisse de libération de la sérotonine et de son effet traduit cette domination fréquente de l'humeur triste sur l'humeur joyeuse qui nous fait souvent voir les autres et la vie qui nous entoure de façon ennuyeuse et peu amusante.

Lorsque l'âge n'est pas synonyme de démence

Beaucoup de gens pensent que l'apparition de la démence ou de la maladie d'Alzheimer est inexorable avec l'âge. Pourquoi ? Parce que l'âge est le premier facteur de risque de la maladie ! Mais ce n'est pas le risque qui donne le résultat c'est-à-dire le succès ou l'échec. Quand on joue au loto, on prend un petit risque de gagner et on perd souvent. Avec l'âge, on prend un risque de plus en plus élevé de démarrer une maladie d'Alzheimer et pourtant 30 % des centenaires n'ont aucun signe de démence. La maladie d'Alzheimer est le signe d'un vieillissement accéléré du cerveau. Certaines personnes, même en prenant de l'âge, ont un cerveau qui vieillit moins vite que celui d'autres, et ne développent jamais de démence. Leur cerveau présente des signes de vieillissement mais très peu de signes de dégénérescence.

Donc, l'apparition de la maladie d'Alzheimer est en fait corrélée au vieillissement et non strictement à l'âge.

Alors, comment font certains vieillards pour garder la pêche ? Ce comportement particulièrement positif de certaines personnes âgées, qui favorise parfois une longévité exceptionnelle, peut se résumer à une envie de vivre qui est la résultante de plusieurs critères liés à la fois à la constitution propre de chaque individu et à sa capacité à s'adapter à son environnement en toutes circonstances.

Pourquoi les centenaires en veulent encore !

Beaucoup de personnes âgées qui conservent un moral formidable et une activité régulière ont d'abord le privilège de posséder un cerveau qui s'est remarquablement adapté à son environnement. Elles agissent plus qu'elles ne subissent et conservent une plasticité cérébrale parfois intacte et semblable à celle d'un adulte de cinquante ans. Ce résultat si étonnant est certainement le fruit de toute une addition de critères susceptibles de limiter les effets du vieillissement et d'activer la neurogenèse. Tout d'abord, ces gens-là sont dotés d'un patrimoine génétique qui augmente le transport cérébral de deux clés chimiques essentielles de l'envie de vivre et du bonheur :

la dopamine et la sérotonine. Deuxièmement, ils ont acquis la curiosité ou l'ardeur de leurs parents et éducateurs, créant une réserve cognitive riche et variée. Troisièmement, ils ont développé des réseaux de connexions denses et très efficaces, notamment entre le lobe préfrontal et les autres régions du cerveau. Quatrièmement, ils ont acquis une excellente maturité et une très bonne adaptation de leur cerveau émotionnel leur permettant, à chaque stress, de faire face et de s'adapter sans endommager la qualité des synapses. Cinquièmement, ils ont bénéficié d'un très bon équilibre de leur fonctionnement hormonal, ont évité le diabète et savent manger sans excès, préservant ainsi une bonne oxygénation du cerveau, et ont pu conserver des vaisseaux sanguins en très bon état.

Du déclin à la démence : quand la maladie s'installe !

Il est difficile de distinguer le déclin normal des fonctions cognitives du déclin anormal, c'est-à-dire lorsque les troubles cognitifs définissent une maladie. En général, après l'âge de soixante ans, on observe une baisse progressive de la mémoire épisodique. Par contre, la mémoire à court terme, la mémoire des mots, et la mémoire émotionnelle restent longtemps conservées. Ainsi, tout le monde ne devient pas dément. La démence est la perte caractérisée de certaines fonctions cognitives comme la mémoire épisodique, la mémoire dans le temps et l'espace, et la capacité de planifier et d'organiser une action. Le degré variable de la perte de mémoire selon les personnes âgées témoigne de l'existence de phénomènes de compensation qui se développent dans le cerveau, preuve que les aires du cerveau arrivent à communiquer entre elles et détectent que si une défaillance de communication neuronale existe à un endroit, elle sera compensée par une suractivité qui se développera dans une région voisine. Ce phénomène de compensation est souvent plus marqué chez ceux qui ont accumulé, tout au long de leur vie, une large palette de connaissances dans tous les domaines de la vie et de la culture.

On sera d'ailleurs surpris de cette maintenance, le plus souvent intacte, de diverses fonctions cognitives facilement repérables chez les personnes âgées de plus de quatre-vingts ans. Elles se souviennent longtemps de textes littéraires, de poésies ou de listes de chefs-lieux appris dans l'enfance ou l'adolescence. Elles conservent une excellente mémoire des événements concernant leur propre existence ou celle des membres de leur famille. Leurs performances cognitives relatives à des processus automatiques sont assez bien conservées, comme le calcul mental, les conjugaisons de verbes ou l'utilisation de leur mémoire spatiale reliant des lieux habituels. Elles sont souvent plus attentives à leur mémoire émotionnelle, surtout celle relative aux événements plaisants, et ont tendance à devenir moins attentives aux événements déplaisants. Leur mémoire implicite, cette forme de mémoire qui nourrit inconsciemment nos capacités mentales par l'expérience acquise de nombreuses situations mémorisées, reste très longtemps bien conservée.

Comme nous l'avons vu plus haut, toutes les aires du cerveau ne déclinent pas à la même vitesse et, de façon très curieuse, c'est le lobe frontal, cette partie du cerveau qui met le plus de temps à parvenir à sa maturité lors de l'adolescence, qui va montrer en premier des signes de faiblesse et une perte assez rapide de son efficacité après soixante-dix ans. Non seulement on y observe une diminution d'efficacité des synapses, mais aussi une réduction de la communication à distance. Ce déclin provient d'une perte progressive des communications entre le tronc cérébral, le striatum et le lobe frontal. La deuxième région dont le déclin d'efficacité caractérise le début de la vieillesse concerne l'hippocampe et le lobe temporal. Le renouvellement des neurones commence à s'épuiser et la densité des connexions dans l'hippocampe, cerveau de la mémoire, diminue sensiblement. La progression de ce déclin qui commence dans l'hippocampe va s'étendre petit à petit au lobe temporal sur une dizaine d'années, avant même que l'on puisse se rendre compte que les troubles de la mémoire s'installent.

La limite entre le vieillissement normal et le début de la maladie est détectée lorsque ces troubles sont perçus comme « repérables » par l'entourage. Ces troubles dits « troubles légers de la mémoire » concernent environ 3 % des adultes au-delà de l'âge de soixante-dix ans. À ce stade, ces troubles doivent faire l'objet d'un examen neurologique et de tests d'évaluation de la mémoire. Les neurologues estiment qu'environ 15 % des personnes présentant ces troubles de mémoire évolueront vers une maladie d'Alzheimer chaque année. Cependant, les lésions du lobe frontal qui apparaîtront dans la maladie d'Alzheimer sont différentes de celles observées lors du vieillissement normal. Lors du vieillissement, on observe une diminution de la densité des synapses dans le cortex préfrontal. Cette atrophie est liée à la dégénérescence de neurones libérant de la dopamine et venant activer le cortex préfrontal. De façon pratiquement simultanée, on observe une diminution des récepteurs de la sérotonine dans le striatum. Ces altérations s'accompagnent d'une diminution des capacités de la mémoire de travail. Cela signifie que la capacité de raisonner rapidement sur des problèmes nouveaux, donc inconnus jusqu'alors, est nettement ralentie.

Si le déclin des capacités cognitives est subitement accéléré, entraînant une perturbation du comportement et de l'autonomie de la personne atteinte sans qu'elle s'en rende compte, mais repérée par l'entourage, on parle alors de démence, véritable maladie du cerveau dont la fréquence de survenue augmente après l'âge de soixante-dix ans. Pour que cette maladie soit définie, il faut que les troubles de la mémoire et de l'enchaînement des idées soient suffisamment marqués pour handicaper la vie quotidienne depuis au moins six mois. La plus connue de ces démences et la plus répandue est la maladie d'Alzheimer qui représente environ 60 % des démences du sujet âgé.

La maladie décrite par Aloïs Alzheimer

Ce médecin allemand décrit pour la première fois une « maladie caractéristique grave du cortex cérébral » chez une femme de cinquante et un ans, lors de la 37e conférence des psychiatres allemands, le 4 novembre 1906 à Tübingen. Le nom d'Alzheimer fut rattaché à cette maladie par le professeur Emil Kraepelin, quelques années plus tard.

Aloïs Alzheimer examina le cerveau de cette patiente décédée et décrivit alors deux types d'anomalies caractéristiques de cette maladie. Il s'agit d'une part des plaques amyloïdes, agrégats d'une substance dite « amyloïde », une sorte de déchet libéré par les neurones qui s'accumulent dans le cerveau. Une seconde lésion décrite consistait en l'accumulation de filaments « neurofibrillaires » dans les neurones, qui provoque leur destruction et leur mort.

Les altérations du cerveau aboutissent à une dégénérescence, c'est-à-dire une mort des neurones, qui débute dans l'hippocampe, expliquant ainsi les premiers signes de cette maladie caractérisés par des troubles de la mémoire épisodique. D'autres capacités mentales sont ensuite altérées, comme le langage, l'orientation dans le temps et dans l'espace, la planification d'actions et la reconnaissance des objets ou des visages. Apparaissent également des troubles de l'humeur avec fréquemment une tendance dépressive, une apathie, puis, à un stade avancé, une confusion qui aboutira en quelques années à une perte d'autonomie quotidienne de la personne malade, qui deviendra dépendante d'une personne aidante.

Ce vieillissement accéléré, qui devient alors l'expression même de la maladie d'Alzheimer car il perturbe la vie de tous les jours et la capacité d'adaptation du malade à son environnement, est lié en grande partie à des paramètres de notre santé que chacun doit prendre en compte dès l'âge de cinquante ans.

Des espoirs thérapeutiques dans la maladie d'Alzheimer ?

Les nombreuses recherches sur les altérations cérébrales du cerveau de ces malades ont démontré l'accumulation de ces plaques amyloïdes dites « plaques séniles » qui peuvent diminuer précocement le fonctionnement des synapses. De même, s'accumulent dans les neurones des filaments anormaux constitués d'agrégats de protéines « tau », qui vont progressivement dégénérer et accélérer la mort des neurones. Cette dégénérescence des neurones affecte surtout les grands neurones de l'hippocampe, impliqués dans la mémoire. Les circuits les plus vulnérables sont ceux qui concernent le cortex temporal, l'hippocampe, carrefour des informations sensorielles et du renforcement de la mémoire. Les recherches actuelles pour tenter de prévenir l'apparition ou de guérir la maladie d'Alzheimer sont actives. Différents essais thérapeutiques visent à réduire l'accumulation de ces agrégats toxiques que sont les plaques séniles et les filaments de protéines tau agrégées. Parmi ces pistes à l'essai, les chercheurs mettent au point des molécules capables de bloquer ces phénomènes d'agrégation, comme certains polyphénols ou encore le bleu de méthylène. D'autres essais tentent de stimuler la production cérébrale de neurotrophines, ces facteurs de croissance et de stimulation de la neurogenèse. Jusqu'à présent, si aucune approche n'a encore abouti, plusieurs d'entre elles semblent prometteuses, combinant l'effet de plusieurs molécules, qui pourront, espérons-le, diminuer l'accélération du phénomène de mort neuronale dans cette maladie complexe. On lira avec intérêt dans ce domaine l'ouvrage de Geneviève Leuba (*Du vieillissement cérébral à la maladie d'Alzheimer*, de Boeck, 2012).

À côté des espoirs thérapeutiques, c'est par le biais de la prévention que de nombreuses mesures peuvent être envisagées et commencent à apporter des résultats. En effet, si l'âge avance inexorablement, on peut, en améliorant différents paramètres du fonctionnement de notre cerveau, ralentir les effets du vieillissement et ainsi prendre de l'âge bien sûr, mais en subissant moins vite les effets du vieillissement, et limiter les risques de la maladie d'Alzheimer.

Le premier paramètre que chacun doit prendre en compte, surtout après l'âge de quarante-cinq ans, est la pression artérielle. En effet, l'hypertension est un facteur de risque d'une altération des vaisseaux sanguins du cerveau et accélère le vieillissement cérébral, notamment au niveau du lobe frontal et de l'hippocampe. Toute hypertension non détectée et non traitée produit des micro-infarctus d'une taille de l'ordre du millimètre, qui ne provoquent aucun signe d'altération cognitive. L'accumulation de dizaines de ces petites lésions provoque l'altération des connexions nerveuses, surtout dans l'hippocampe, déclenchant ainsi, au bout de quelques années, l'apparition de troubles de la mémoire. Ensuite, chacun doit contrôler son alimentation. L'excès de sucres et de graisses favorise la production de radicaux oxydants qui altèrent les protéines de durée de vie longue importantes dans le fonctionnement des neurones. Bien sûr, nos cellules disposent de systèmes antioxydants et épurateurs des protéines altérées mais ces derniers deviennent moins efficaces avec l'âge, favorisant ainsi la toxicité de ces molécules oxydées sur les connexions neuronales. La sédentarité et le manque d'exercice diminuent l'élasticité et le bon fonctionnement des vaisseaux sanguins, mais surtout réduisent la production des neurotrophines, ces vitamines du cerveau qui facilitent la réparation des neurones endommagés. L'excès de poids et d'aliments au sens large favorise la production de radicaux libres qui altèrent petit à petit les constituants des neurones, alors qu'une restriction calorique modérée exerce un effet bénéfique sur le maintien de bonnes capacités cognitives.

Est-ce que le déclin de nos capacités mentales est inséparable du vieillissement ? Cette question était déjà posée par de nombreux philosophes. C'est ainsi que Pythagore divisait la vie en cinq épisodes, dont le dernier, après soixante-trois ans, qu'il appelait « l'âge sénile », c'est-à-dire celui du déclin. Hippocrate, Aristote et Galien étaient eux-mêmes convaincus que le déclin mental est indissociable de l'avancée en âge et que toute vie se termine par la démence. Parmi ces penseurs anciens, seul Cicéron n'était pas si pessimiste. Pour lui, la démence n'apparaît pas chez tous les hommes âgés mais seulement chez ceux qui sont « faibles d'esprit ». Il écrit même comment on peut résister à la démence quand on devient âgé. L'âge doit être combattu, et ses défauts demandent qu'on y résiste avec vigilance. On doit combattre l'âge comme on se bat contre une maladie. Pour cela, il faut suivre un régime fixe, faire de l'exercice avec modération, se nourrir convenablement et se désaltérer pour se renforcer, mais sans excès. Pour lui, la pensée et l'esprit ont besoin de plus d'attention que le corps, car l'âge éteint l'esprit comme une lampe qui manque d'huile. L'âge doit être respecté s'il se bat pour lui-même, évite la dépendance et maintient le contrôle de soi aussi longtemps que dure la vie. Dans ce cas, est-ce le cerveau qui contrôle la durée de notre vie ? Existe-t-il des clés de l'immortalité ?

Chapitre 7

Le cerveau : cible de la vieillesse ou clé de la longévité ?

« Certaine et toute proche, la fin de la vie est là ; l'heure fatale est fixée, nous n'échapperons pas. Mais le bien que nous n'avons pu atteindre encore nous paraît supérieur à tout le reste ; à peine est-il à nous, c'est pour en désirer un nouveau et c'est ainsi que la même soif de la vie nous tient en haleine jusqu'au bout. Et puis nous sommes incertains de ce que l'avenir nous réserve, des hasards de la fortune et de la fin qui nous menace. Mais pourquoi donc vouloir plus longue vie ? »

Lucrèce, *De la nature des choses*, livre III

Devenir âgé sans vieillir

De façon évidente, l'homme est mortel et le risque de mortalité augmente avec l'âge ; c'est la fameuse loi de Gompertz. Il existe donc dans notre cerveau une diminution naturelle et inéluctable du fonctionnement des cellules, ces machines merveilleuses, qui conduit au vieillissement. Ce phénomène est lié à l'instabilité des molécules du vivant dont les propriétés s'altèrent avec le temps. Le pourcentage de la population qui atteint l'âge de soixante-cinq ans augmente régulièrement, notamment dans la plupart des pays où le niveau de vie et l'état de santé sont plus élevés. En Europe occidentale, on comptait 4 % de seniors de plus de soixante-cinq ans en 1900, 12 % en 2000, et ils seront probablement plus de 20 % en 2050. Cette augmentation de l'espérance de vie s'est associée à une augmentation de la prévalence des maladies liées au vieillissement comme les maladies neurodégénératives dont la plus connue est la maladie d'Alzheimer. Selon les épidémiologistes, le risque de développer cette maladie est de 1 % à l'âge de soixante-cinq ans mais double tous les cinq ans, ce qui signifie qu'à l'âge de quatre-vingt-dix ans, 32 % de la population risque d'être atteinte de la maladie d'Alzheimer. La perte neuronale est limitée au cours du vieillissement normal, preuve de l'existence d'un équilibre entre des événements de dégénérescence des neurones et des phénomènes de réparation actifs comme la neurogenèse, qui parviennent à maintenir un pourcentage acceptable de connexions actives.

Alors, comment expliquer que, si le vieillissement du cerveau, ainsi que de tous les organes, est inéluctable, certains vieillissent plus vite que d'autres ? Pourquoi l'état du cerveau de 30 % des personnes âgées de quatre-vingt-dix ans est-il identique à celui de celles âgées de soixante-cinq ans ? Les gériatres et les neurobiologistes envisagent plusieurs hypothèses : premièrement, tous les mécanismes de la fabrication cellulaire de molécules complexes et de leur équilibre délicat s'altèrent avec le temps ; deuxièmement, le vieillissement serait une conséquence programmée du développement. Prétendre ici que la biologie et la médecine actuelle peuvent expliquer les mécanismes du vieillissement serait absolument exagéré. La biologie du cerveau et les mécanismes biologiques du vieillissement sont très complexes. Donc s'attaquer aux mécanismes du vieillissement du cerveau, c'est quasiment la quadrature du cercle.

Que se passe-t-il au niveau cellulaire et moléculaire ? Que sait-on aujourd'hui ? Comme on l'a vu dans le chapitre 2, c'est pendant l'enfance, et jusqu'à la puberté, que les phénomènes de neurogenèse et de formation des synapses sont au maximum de leur efficacité. À partir de la puberté, la diminution lente de la production des effets de l'hormone de croissance, de l'IGF-1 ou des neurotrophines diminue le rythme de la neurogenèse bien que la perte globale des neurones reste très limitée tout au long de la vie. Des études récentes démontrent une perte globale assez faible du nombre de neurones, même à un âge avancé, sans doute « globalement » inférieur à 5 %, bien qu'il existe des aires du cerveau où la perte neuronale serait plus marquée. Dans le cerveau d'un patient atteint de démence, la perte neuronale est nettement plus importante. Incontestablement, plusieurs travaux soulignent la diminution progressive de la production et de l'effet d'hormones ou de substances d'action trophique qui, normalement, maintiennent la densité des connexions et remplacent celles qui sont détruites. La baisse de production progressive du BDNF, du NGF et de la sérotonine, serait ainsi largement responsable de la réduction du nombre des synapses lors du vieillissement, et surtout après l'âge de soixante-dix ans.

Quand on se rend compte qu'on perd un peu la tête !

Finalement, le mécanisme majeur dans la diminution progressive de nos capacités mentales indiquant le vieillissement du cerveau est caractérisé par une diminution du nombre et de la densité des synapses. Ce phénomène est sans doute prédéterminé par le cycle naturel de notre vie. Mais avant de discuter pour savoir si « perdre la tête » est inéluctable, ce qui en soi est très pessimiste et difficile à entendre, arrêtons-nous sur la fragilité du cerveau et sur ses particularités au fur et à mesure qu'on avance en âge.

Les premiers signes de vulnérabilité ressentis par tous sont les troubles de la mémoire épisodique, nous faisant oublier ce que l'on a fait récemment, ou ce qu'un ami nous a raconté. On observe aussi des troubles de la mémoire de travail, qui se caractérisent par une plus grande difficulté à prendre des décisions dans des situations urgentes. Dans les deux cas, l'imagerie cérébrale fonctionnelle indique généralement une forte activité du cortex frontal, notamment à gauche, qui prend le dessus sur l'hippocampe. Globalement, l'hippocampe est moins efficace au-delà de soixante-dix ans, et des mécanismes de compensation se mettent en place, c'est-à-dire que le cerveau, ne parvenant plus facilement à utiliser ses circuits de mémoire d'apprentissage, utilise alors davantage les circuits de la mémoire de stockage comme la mémoire des mots localisée dans le cortex préfrontal. De même, la compensation peut remplacer certaines connexions ralenties en utilisant d'autres chemins de connexions. C'est particulièrement une réduction des connexions entre l'hippocampe et le cortex frontal qui s'observe avec le vieillissement et qui est compensée par une activation plus marquée des connexions entre le lobe temporal et le cortex frontal, surtout dans les capacités mentales qui utilisent la mémoire.

Dans les capacités d'exécution, le vieillissement altère les capacités d'inhibition de l'action et augmente l'activation du cortex préfrontal dans les tâches d'attention parallèlement à une réduction des connexions avec d'autres régions cérébrales. Il existe aussi des signes de vulnérabilité émotionnelle chez la personne âgée. En effet, par rapport aux adultes plus jeunes, on observe une baisse des capacités à détecter et à mémoriser les émotions négatives, probablement par un défaut progressif de la connectivité du cortex frontal avec l'amygdale. Les personnes âgées sont donc plus sensibles aux émotions positives et oublient plus facilement les émotions négatives, réduisant ainsi assez souvent leurs capacités de réactivité face à une alerte extérieure : agression, événement stressant, etc.

Qu'en est-il des capacités de perception ? Là encore, l'imagerie démontre une diminution de la capacité d'intégration de plusieurs stimuli simultanés, notamment dans la vue, où on devient moins attentif aux détails d'une image ou d'une scène complexe avec un grand nombre d'objets. Comme pour les différentes capacités mentales que nous venons d'entrevoir, une diminution de la perception des détails visuels impose une activation mémorielle plus attentive qui met en jeu une activation plus intense du cortex préfrontal. Finalement, ces mécanismes de compensation neuronale qui expliquent de grandes différences du niveau cognitif entre personnes âgées sont liés en grande partie à l'état de conservation des connexions à distance, surtout celles qui permettent à des régions éloignées du cerveau de s'échanger des informations. Le cerveau, qui cherche en permanence une solution pour s'adapter, même après plusieurs années de vieillesse et de perte de synapses, essaiera toujours de compenser un défaut de connexions à distance par un renforcement de l'activité électrique de son centre décideur : le cortex préfrontal. Cette zone du cerveau est donc plus fortement sollicitée chez un sujet âgé de plus de soixante-dix ans. Ainsi, on peut résumer les altérations qui conduisent à cette vulnérabilité du cerveau par une diminution du fonctionnement global en réseau qui met en jeu des fibres se connectant à longue distance, c'est-à-dire dans des aires du cerveau séparées de plusieurs centimètres.

Tout au long de la vie, un équilibre positif permanent tend vers la survie et le maintien optimal des performances de l'individu et de chaque organe. Le cerveau n'y échappe pas. Il possède des systèmes cellulaires qui s'adaptent à l'effet de l'environnement : 1) la libération d'hormones et de facteurs de croissance qui stimulent la formation et/ou la réparation des synapses. Cela signifie que ces mécanismes qui sont très efficaces pendant l'enfance restent stables en général jusqu'à un âge avancé. En permanence, le cerveau produit des facteurs de croissance qui contribuent à remplacer les neurones usagers et à réparer les connexions, qui dégénèrent ; 2) la lutte contre les radicaux oxydants qui sont issus du fonctionnement des cellules ou qui proviennent de l'environnement extérieur ; 3) le système de veille qui repère et élimine les molécules endommagées au fur et à mesure de leur apparition : ADN, lipides et protéines ; 4) la régulation de l'apport énergétique par l'action d'hormones comme l'insuline. Au cours du vieillissement surviennent des altérations de la perméabilité des petits vaisseaux sanguins, qui vont diminuer l'apport optimal d'oxygène aux cellules. Or, cet oxygène est indispensable pour brûler le carburant, le glucose et fournir de l'énergie. De plus, dans chaque cellule, les mitochondries, ces petites chaudières qui brûlent le glucose, voient leur efficacité diminuer progressivement. Si l'apport en énergie des cellules diminue, cela déclenche un stress qui va altérer leur fonctionnement et souvent déclencher une mort des neurones.

Donc le cerveau doit veiller en permanence à maintenir ces systèmes cellulaires en état de fonctionnement pour éviter le stress des cellules. Pour cela, il utilise à la fois des mécanismes de protection contre les agressions extérieures (sorte de prévention ou d'assurance contre d'éventuels dégâts) et des mécanismes de réparation. Parmi les neuroprotecteurs les plus efficaces, produits dans le cerveau, on citera les neurotrophines comme le BDNF, certains neurotransmetteurs comme le glutamate et le GABA, mais aussi toute la panoplie des enzymes qui détruisent l'excès de radicaux oxydants ou qui piègent ces radicaux pour empêcher les molécules (ADN, protéines, lipides) de s'oxyder, c'est-à-dire de rouiller. Le cerveau utilise également des mécanismes actifs de réparation qui vont activer les cellules souches et les transformer en jeunes neurones, qui remplaceront ceux qui sont altérés et qui dégénèrent. Cette activation de la neurogenèse est stimulée par la restriction alimentaire, par l'exercice physique régulier et par l'entraînement cognitif, c'est-à-dire le fait d'activer le fonctionnement de nos capacités mentales par l'utilisation d'exercices stimulant notre raisonnement, notre mémoire et notre capacité de décision.

Quand le cerveau subit nos excès !

Au fur et à mesure que nous avançons en âge, la vulnérabilité du cerveau dépend aussi de notre style de vie et de la façon dont on ménage plus ou moins notre « monture » cérébrale ! Lors de l'enfance, tout démarre avec l'éducation et le développement de nos acquisitions cognitives, qui, si elles sont variées et nombreuses, faciliteront l'établissement d'excellentes connexions entre les neurones. Ce capital de connexions nerveuses représentera une réserve pour les vieux jours, qui s'épuisera d'autant moins qu'il sera plus élevé. Le style de vie, c'est-à-dire la qualité de notre sommeil et de notre alimentation, ainsi que notre aptitude à gérer le stress influeront également sur la production et l'effet de nombreuses hormones comme l'insuline ou d'une neurotrophine comme le BDNF, un véritable stimulant de la repousse des neurones. De même, la limitation de la malbouffe et des excès alimentaires va éviter l'accumulation de produits oxydés formés à partir des lipides et des protéines. Un apport calorique équilibré et la lutte contre l'excès de poids limiteront la production de messagers inflammatoires qui perturbent l'apport en oxygène aux cellules et activeront le stress des cellules, en diminuant le renouvellement des neurones.

Pourquoi le cerveau vieillit-il ?

Au-delà de la fragilité propre des cellules et de l'harmonie de leurs connexions, le cerveau est un organe de communication très influencé par l'environnement et les relations avec autrui. Il faut cependant remarquer que le lobe préfrontal, région du cerveau qui parvient le plus tardivement à maturité, est également la région du cerveau qui décline dès le début de l'apparition des signes du vieillissement cognitif. En effet, l'apprentissage au cours du vieillissement utilise moins d'informations nouvelles qu'au cours de l'enfance. De ce fait, la capacité à s'adapter à une situation nouvelle est surtout dépendante des situations équivalentes déjà connues et mémorisées, donc stockées, et rapidement accessibles au cortex préfrontal. Chez l'enfant, ce sont davantage les aires sensorielles et les régions temporales qui sont impliquées dans la mémorisation et la constitution du raisonnement, alors que les connexions entre le cortex préfrontal et ces autres régions impliquées dans la mémoire sont en pleine construction. Le déclin progressif du cerveau n'est sans doute pas uniquement le résultat de nos excès, de l'accumulation de stress ou encore d'un défaut de fonctionnement de nos cellules. Aussi, l'accumulation progressive de déchets cellulaires et un défaut des systèmes de réparation cellulaire contre les radicaux oxydants apparaissent finalement comme l'un des facteurs expliquant le déclin des capacités mentales, puisqu'ils finissent par détruire les neurones. En réalité, on sait depuis environ dix ans que la perte neuronale est limitée lors du vieillissement, suggérant ainsi que le phénomène du vieillissement du cerveau est un phénomène programmé qui dépend de son développement. Selon cette hypothèse, qui à elle seule ne peut expliquer toutes les facettes du déclin des fonctions du cerveau, il existe un programme génétique actif pour favoriser la maturation et le développement des synapses, mais qui devient délétère après l'âge de soixante-dix ans en moyenne.

Cela explique sans doute que certains chercheurs estiment que si on pouvait vivre avec le maximum de précautions pour prévenir la survenue de la plupart des maladies impliquées dans le décès après soixante-cinq ans, même en adoptant un mode de vie sain et en contrôlant son alimentation, l'espérance de vie ne dépasserait pas cent quinze à cent vingt ans. La cause du décès serait liée dans tous les cas à une perte importante de connexions neuronales. Et pourtant aucun gène connu ne peut à lui seul provoquer la mort.

Comment expliquer que le programme génétique du développement du cerveau puisse mener à son déclin en fin de vie ?

C'est en tout cas l'hypothèse défendue par Joao Pedro de Magalhaes à l'université d'Harvard. Pour ce chercheur, la perte effective des synapses est quasiment inéluctable après une durée de vie correspondant environ à six fois l'âge de la puberté, ce qui représente un an chez une souris, vingt-cinq ans chez le chimpanzé et soixante-quinze ans chez l'homme. Par ailleurs, des observations menées chez des souris naines ou au contraire des souris exprimant un gène suractif de l'hormone de croissance indiquent que tout retard du développement pubertaire ralentira le déclin cognitif. En effet, lors de la croissance, survient sous l'effet de gènes impliqués dans la plasticité synaptique, d'abord un maximum, vers le début de la puberté. Puis sous l'effet des mêmes gènes, un grand élagage de ces connexions se produit au cours de l'adolescence. Ensuite, l'élagage continue et, dans le même temps, les mécanismes de neurogenèse s'amenuisent. Après le milieu de vie, les gènes responsables de la plasticité synaptique sont moins actifs, et la densité des connexions diminue. À la même période, le nombre de récepteurs des neurotransmetteurs fortement impliqués dans les connexions neuronales diminue (récepteurs du GABA, de la dopamine et de la sérotonine), réduisant d'autant les fonctions cognitives.

Pour inverser ce déclin inéluctable, seules la restriction calorique et la diminution de l'apport alimentaire peuvent apporter un déclic salutaire ! En effet, on a observé chez les souris soumises à une restriction calorique prolongée une réactivation de gènes du développement, des neurotrophines, de l'hormone de croissance, et des récepteurs des neurotransmetteurs. Ainsi, chez ces souris, un certain rajeunissement du cerveau s'observe alors, avec une diminution de la perte des synapses.

Les secrets des centenaires

Le cerveau renfermerait-il un secret qui nous permettrait de vivre plus longtemps et d'éviter le risque d'un déclin irréversible menant à la démence ? Certaines études observent que c'est possible. Le groupe de Dellara Terry, à Boston, a étudié de façon rétrospective le dossier médical de trois cent cinquante centenaires. Il conclut qu'on peut répartir ces derniers en trois catégories : 42 % sont les « survivants », c'est-à-dire ceux qui ont contracté une maladie généralement liée à l'âge comme une affection cardiaque, un diabète ou une démence avant l'âge de quatre-vingts ans, mais qui n'en sont pas décédés, 45 % sont des « sursitaires », chez lesquels une maladie liée à l'âge est retrouvée après l'âge de quatre-vingts ans, et enfin 13 % représentent les « chanceux », c'est-à-dire ceux qui atteignent l'âge de quatre-vingt-dix à cent ans sans avoir développé l'une des maladies courantes liées à l'âge. Ainsi, après quatre-vingts ans, les individus qui survivront encore dix ans ou plus échappent au déclin cognitif, l'une des causes majeures d'une perte d'autonomie et du décès dans cette tranche d'âge. Ce mécanisme d'échappatoire au déclin cognitif peut fortement être retardé par la constitution, chez l'individu, d'une excellente réserve cognitive dans les aires du cerveau non altérées, qui s'activent de manière plus efficace, compensant ainsi la présence de certaines régions où des lésions liées au vieillissement apparaissent.

Karen Ritchie, épidémiologiste, a également démontré qu'à l'âge de quatre-vingt-quinze ans, le risque de développer une démence culmine à environ 40 % mais n'augmente plus trois à cinq ans plus tard. Ce risque augmenterait encore un peu chez les femmes, jusqu'à quatre-vingt-dix-sept ans, alors qu'il n'augmente plus chez l'homme dès l'âge de quatre-vingt-treize ans.

Les neuropathologistes démontrent également, par l'étude des lésions du cerveau de ces nonagénaires, l'existence d'altérations des vaisseaux sanguins plus importantes que dans les formes classiques de la maladie d'Alzheimer. La plupart des gérontologues admettent que chez les centenaires existent des variations génétiques qui ralentissent les mécanismes du vieillissement cellulaire ou qui leur confèrent une diminution du risque d'apparition des maladies courantes habituelles liées à l'âge. Il existerait donc bien des gènes de la longévité, voire de l'immortalité.

En 2013, le groupe de Kaare Christensen, gérontologue à l'université d'Odense au Danemark, a comparé l'état de santé de deux groupes de nonagénaires (âge moyen : quatre-vingt-quinze ans) dont l'un correspond à des sujets nés en 1905 et l'autre, à des sujets nés en 1915. Il existe une différence dans les performances des capacités mentales des individus examinés. Lorsqu'on les observe, au même âge, les sujets nés en 1915 ont de meilleures capacités cognitives et des performances physiques supérieures à ceux nés en 1905. Ainsi, l'espérance de vie est augmentée de dix mois dans le groupe né en 1915. 23 % des sujets nés en 1915 contre 13 % des sujets nés en 1905 n'ont aucune erreur au test simple de mesure de la mémoire (échelle MMS).

Selon les conclusions de l'étude, ces résultats sont probablement le fruit de la médecine préventive, notamment celle impliquée dans la lutte contre l'hypertension et les maladies vasculaires, ainsi que d'une meilleure alimentation et d'une meilleure qualité de vie dans le groupe de sujets nés en 1915.

Les femmes vivent plus longtemps que les hommes : une histoire de fer ?

L'une des premières raisons évoquées depuis plus de vingt ans est hormonale. Les œstrogènes protègent les femmes de l'augmentation régulière du risque de maladie cardio-vasculaire jusqu'à l'âge de la ménopause. Par ailleurs, les œstrogènes ont un effet indiscutable sur la neurogenèse et exercent également un effet antioxydant, c'est-à-dire qu'ils empêchent nos lipides et nos protéines de rouiller trop vite. Une autre raison viendrait du taux cellulaire du fer libre qui, pendant toute la vie génitale des femmes, est en moyenne plus réduit comparé à celui des hommes à cause des pertes de sang menstruelles. Or, le fer libre est un puissant catalyseur cellulaire de la production de radicaux oxydants : ces composés chimiques qui facilitent la rouille de nos constituants cellulaires. Cela bien sûr ne représenterait qu'un des multiples facteurs responsables du vieillissement. Ceux qui vivent longtemps ont incontestablement collectionné plusieurs facteurs favorables à la longévité et évité certains facteurs défavorables par chance ou par leur style de vie. Le facteur chance s'exerce d'abord sur le fait que ces personnes traversent les années sans souffrir de maladies cardio-vasculaires, de cancers, ou de maladies infectieuses graves. Le facteur chance concerne aussi leur patrimoine génétique qui contient des variants génétiques qui protègent contre le vieillissement cellulaire.

Manger mieux ou manger moins ? un double effet sur la santé du cerveau

Quels sont les aliments qui affecteraient nos fonctions cognitives ou qui protégeraient contre un déclin trop rapide de notre cerveau ? Tout d'abord, beaucoup d'études ont porté sur les graisses de notre alimentation. En dehors de l'effet protecteur des oméga-3 sur la santé cardio-vasculaire, certains acides gras exercent un effet bénéfique direct sur le cerveau. Il a été démontré qu'une carence en l'un des principaux acides gras oméga-3, le DHA, chez les rongeurs s'accompagne d'un déficit de la mémoire et des capacités d'apprentissage.

Chez l'homme également, une carence alimentaire en acides gras est associée à une augmentation du risque de différents troubles du fonctionnement du cerveau, comme la dépression, la démence ou la schizophrénie. Le DHA peut augmenter la production de BDNF dans l'hippocampe, et faciliter la plasticité des synapses, ou encore augmenter la capture et l'utilisation du glucose. C'est surtout chez l'enfant, au moment où la neurogenèse et la croissance des synapses sont les plus actives, que l'effet de la DHA est le plus efficace. Incontestablement, un apport régulier de cet acide gras tout au long de l'enfance favorise la maturité du cerveau, et le développement de la mémoire et des capacités d'apprentissage. L'opposé de l'effet des graisses est représenté par l'augmentation de la consommation récente d'acides gras saturés dans l'alimentation, caractéristique de certains produits vendus en *fast-foods*. Ces acides gras, en modifiant le métabolisme, favorisent la baisse du taux de BDNF dans l'hippocampe et réduisent la plasticité des synapses après trois semaines de régime riche en ces acides gras saturés, que l'on trouve notamment dans l'huile de palme et dans les pâtisseries.

Lorsque la publicité dans le domaine de la santé nous rappelle que manger cinq fruits et légumes par jour est bénéfique pour notre santé, il n'est souvent pas précisé que les végétaux, les fruits, les graines, le vin, le thé, le café, toutes ces substances colorées d'origine végétale, contiennent une vaste panoplie de composés chimiques très variés, les polyphénols, qui exercent des effets protecteurs sur les neurones. Le premier effet de ces substances découle de leur action anti-oxydante des lipides des membranes des cellules. Comme nous l'avons détaillé dans le chapitre 4, le cerveau consomme beaucoup d'oxygène, ce qui entraîne la formation de dérivés oxydés issus des lipides et des protéines. Pour éviter cette oxydation, la cellule dispose d'enzymes qui détruisent les dérivés de l'oxygène comme l'eau oxygénée, ou d'autres radicaux très oxydants. En complément de ces enzymes, l'alimentation fournit aux cellules et aux neurones des substances qui piègent ces radicaux oxydants, comme la vitamine C, apportée par les fruits et les légumes, ou la vitamine E, apportée par les noix, les noisettes, les poissons gras ou les huiles végétales. Cependant, ces vitamines sont fragiles et vite consommées par nos cellules.

Cinq fruits et légumes par jour : pour le cerveau aussi !

On nous dit souvent que la consommation régulière de fruits et de légumes est bénéfique pour la santé, contre le risque d'apparition de cancers, par exemple ; mais est-ce bon aussi pour le cerveau ? De nombreuses études soulignent l'effet antioxydant et protecteur pour les neurones de diverses substances retrouvées dans les produits végétaux de nature colorée, dénommées polyphénols par les biochimistes. Il peut s'agir des catéchines (thé, café, vin rouge) ; de la quercétine (oignon, pomme, brocoli, noix) ; ou encore des anthocyanines (pomme, fruits rouges : fraise, mûre, framboise, cassis...). Tous ces composés présentent non seulement des propriétés anti-oxydantes, mais aussi, pour certains d'entre eux, des propriétés anti-inflammatoires. De plus, ces composés sont souvent efficaces pour augmenter le débit sanguin des petits vaisseaux et ainsi améliorer l'oxygénation des neurones. Globalement, on peut affirmer qu'une consommation régulière de ces composés renforce nos défenses anti-oxydantes qui se réduisent avec l'âge, surtout dans le cerveau. Une étude épidémiologique réalisée en France entre 1991 et 1996 (enquête PAQUID) a démontré qu'une consommation journalière de plus de 800 mg de polyphénols d'origine variée (café, thé, fruits et légumes), réduit le risque d'apparition d'une démence. À titre d'exemple, une pomme en contient 200 mg, une tasse de café également, ainsi que 80 g de fraises, un verre et demi de vin rouge et 200 g de brocolis.

Les habitudes alimentaires et le mode de vie de nos sociétés occidentales nous font facilement oublier que nos ancêtres sautaient fréquemment un repas, au moins une ou deux fois par semaine. De même, la restriction calorique (qui n'était absolument pas calculée par un standard de poids idéal vanté par nos médias actuels !), permettait occasionnellement, pour des raisons saisonnières de disponibilité alimentaire ou pour des raisons financières ou d'accès à l'alimentation, de réduire la prise calorique de 20 à 30 % sur des périodes allant de huit jours à trois mois. Ces habitudes, prisées encore pour des raisons de mode de vie ou des raisons religieuses, ont apporté à la médecine moderne des arguments en faveur de leur effet neuroprotecteur. En effet, des études nutritionnelles menées chez des rongeurs ont démontré l'effet de stress modéré que procure une restriction calorique légère (une réduction de 25 % de l'apport calorique journalier) sur les capacités cognitives et mentales. Ce stress énergétique léger augmente la production de BDNF. De plus, la restriction calorique diminue la sécrétion d'insuline et favorise la sensibilité des neurones à cette hormone. Indirectement, la réduction de libération de l'insuline diminue la production de cytokines, ces messagers chimiques inflammatoires par les cellules gliales. Il ne s'agit certainement pas ici de prôner le régime systématique qui, avec une prise calorique restreinte de 25 % en moyenne, conduira inéluctablement à une perte de poids prolongée, mais plutôt de vanter les mérites d'un jeûne régulier de courte durée, puis la reprise rapide d'une alimentation normale.

Quand le cerveau contrôle la durée de vie

Le cerveau contrôle la motricité, le raisonnement et la plupart des fonctions vitales. Peut-on alors supposer que c'est aussi notre cerveau qui contrôlerait la durée de notre vie ? En tout cas, de nombreux scientifiques se sont posé cette question. Curieusement, quand on compare la plupart des espèces mammifères, on observe que la taille de leur cerveau est corrélée à leur longévité. Le cerveau commande en effet la sécrétion et la libération de nombreuses hormones, comme celles de l'hypophyse ; c'est le cas de l'hormone de croissance. Ainsi, des souris naines mutantes du gène de l'hormone de croissance ont une longévité accrue. L'effet des hormones est important car le cerveau sert d'interface entre les stimuli de notre environnement et le comportement que l'on adopte pour y réagir. Pour cela, il peut utiliser trois leviers : 1) il raisonne et élabore un comportement adapté à chaque situation ; 2) il commande la réponse des vaisseaux sanguins, par une contraction ou une dilatation, qui peut nous aider à mobiliser toutes nos forces ; 3) il déclenche une libération d'insuline, en mobilisant la capture et l'utilisation du glucose, sa principale source d'énergie. L'efficacité de ces trois réponses est variable selon les individus et se réduit au fur et à mesure de l'âge ; notamment si notre mode de vie perturbe leurs mécanismes. La longévité plus ou moins accentuée des humains est liée à l'interaction complexe de facteurs génétiques, environnementaux (notamment le stress) et de facteurs liés à notre style de vie et à la façon dont on ménage notre machine corporelle.

Des gènes de la longévité aux gènes de l'immortalité

Les observations menées chez les jumeaux de même que chez les familles de centenaires démontrent clairement qu'il existe des facteurs héritables qui influencent la longévité. Plusieurs études ont initié, depuis le début des années 2000, l'identification de gènes impliqués dans l'accroissement de la longévité. Ce type d'étude revêt de l'importance dans notre société où le nombre de nonagénaires augmente régulièrement. Ainsi, les enfants d'individus nés en 1900 ont douze fois plus de chances d'atteindre l'âge de cent ans que leurs grands-parents. Si le rôle de l'environnement et de son effet sur notre santé est important, il semble, d'après les généticiens, que 25 % de la variation de l'âge moyen du décès serait lié à des facteurs génétiques.

Une étude menée sur près de mille centenaires a révélé l'influence de quelques gènes clés de la longévité, dont le gène de la lamine et le gène WRN, impliqués dans la capacité des cellules à se diviser longtemps. Cela dit, des mutations rares de ces deux gènes sont responsables de syndromes d'une maladie appelée progeria ; les enfants qui en sont atteints ont une peau de vieillards à l'âge de dix ans et décèdent avant l'âge de vingt ans. De même, on observe des variants du gène de la superoxyde dismutase (SOD2), un enzyme impliqué dans la destruction des radicaux oxydants formés dans la cellule. Ceux qui possèdent des variants augmentant l'efficacité de ce gène bénéficient d'une meilleure défense cellulaire contre ces radicaux et vieillissent donc plus lentement. D'autres gènes semblent impliqués dans la variation de la longévité, et leur liste est encore loin d'être établie à ce jour. Parmi eux, on citera le gène KLOTHO, qui protège nos cellules contre l'accumulation de radicaux oxydants, et le gène DRD4, codant le récepteur de la dopamine impliqué dans notre capacité à nous motiver et à mener des activités régulières.

Il existe d'autres variants génétiques impliqués dans la longévité, ou plutôt dans nos comportements au cours de la vieillesse. C'est par exemple le cas de la capacité du cerveau à libérer plus longtemps la dopamine, cette clé chimique de l'envie de vivre qui contribue à un optimisme quotidien. L'efficacité des transporteurs de cette hormone dans le cerveau garantit sa libération, même dans un cerveau âgé.

Gène DRD4, dopamine, envie et longévité ?

Curieusement, le groupe de Deborah Grady, biologiste californienne, vient de démontrer que le variant 7R du gène DRD4, codant le récepteur de la dopamine, est retrouvé à une fréquence deux fois plus élevée chez les nonagénaires que chez ceux qui n'atteignent jamais cet âge. De plus, la présence de ce variant est corrélée chez les personnes qui le possèdent à une activité physique plus intense et à un comportement plus motivé. Cela confirme l'influence de la dopamine, hormone de l'envie, de la motivation et de l'activité physique dans le cerveau. Le variant 7R permet un meilleur fonctionnement du récepteur de la dopamine et active l'efficacité des connexions du cerveau. Il impliquerait l'activation d'un neurotransmetteur excitateur des neurones, le glutamate. Pour démontrer le rôle de ce gène, les chercheurs de ce groupe ont introduit une mutation du gène DRD4 chez des souris et ont observé chez ces animaux une forte réduction de l'activité motrice et une baisse de 10 % de leur durée moyenne de vie.

La sérotonine, clé du bonheur de la vieillesse ?

Comme nous l'avons vu au chapitre 5, des variants du gène de la sérotonine influencent la perception personnelle du bonheur. Ceux qui possèdent le variant long ont un comportement plus actif, se sentent plus heureux et voient la vie de façon plus positive. Ceux qui possèdent le variant court sont plus facilement angoissés et cèdent plus fréquemment à la dépression. Deux groupes de généticiens ont démontré qu'il existait une proportion plus élevée de sujets possédant ce variant long comparé à ceux possédant le variant court chez les centenaires. Un taux accru de sérotonine dans le cerveau facilite l'adaptation à l'environnement, diminue le risque de dépression et améliore le comportement de sociabilité des personnes âgées. Ainsi, même si la génétique ne représente qu'un des multiples facteurs de nos capacités d'adaptation aux effets du vieillissement, elle permet d'influencer indiscutablement l'amélioration de nos capacités mentales et de ressentir davantage de bonheur, gage d'une longévité accrue.

Deux hormones du cerveau, la dopamine et la sérotonine, contribuent ainsi à faciliter nos comportements et à mieux nous adapter aux perspectives du déclin cognitif progressif observé au cours du vieillissement.

Des animaux modèles de longévité

L'étude des animaux est intéressante et utile pour tenter de comprendre pourquoi certaines espèces ont une longévité accrue. Ainsi, les souris et les rats sont des animaux bien connus des chercheurs et très utiles en neurobiologie. Les souris sont des petits rongeurs d'environ 30 g dont la longévité est d'environ trois ans. Cependant, il existe une espèce très étonnante de rongeur vivant dans les zones désertiques de l'Afrique de l'est équatoriale : le rat-taupe nu. Ce petit rongeur vit en groupe d'environ trois cents individus sous la terre, en creusant des réseaux de galeries à la manière des taupes. De la taille d'une souris et quasiment dépourvu de poils, cet animal a une longévité moyenne d'environ trente ans. Plusieurs équipes de chercheurs se sont penchées sur la longévité étonnante de ce petit animal comparé aux espèces voisines, rats et souris. Il possède un métabolisme réduit, c'est-à-dire qu'il brûle plus lentement ses carburants cellulaires, comme en témoigne sa température corporelle de 32 °C. Il est très sensible à l'insuline et possède d'excellentes défenses anti-oxydantes. On observe des signes de vieillesse chez des sujets de vingt-cinq ans ou plus, avec perte musculaire, rhumatismes et déformation du dos, mais sans troubles du comportement ni de diminution de l'activité physique. Par ailleurs, les cancers sont très rares chez ces rongeurs. Ces résultats confortent les hypothèses proposées chez l'homme quant au rôle des phénomènes d'oxydation cellulaire et de diminution des défenses anti-oxydantes dans les événements qui accélèrent le vieillissement des cellules et des organes.

Klotho : gène de l'immortalité ?

Ce gène porte le nom d'une des trois Parques, des divinités maîtresses de la destinée humaine : Clotho, la Fileuse, tisse le fil de la vie ; Lachésis, la Réparatrice, enroule le fil de l'existence pour en déterminer la longueur ; Atropos, l'Implacable, coupe le fil et détermine la mort. En 1997, parmi les gènes responsables d'une modification de la durée de vie d'animaux utilisés comme modèles, est découvert le gène Klotho. À l'état muté, ce gène entraîne chez la souris une espérance de vie très faible : deux mois au lieu de deux ans. Les souris mutées de ce gène développent des signes de vieillissement prématurés comme une perte osseuse et musculaire et un épaississement de la paroi des vaisseaux sanguins (artériosclérose). Des variants du gène Klotho humains sont associés à une diminution de l'espérance de vie et à l'apparition de maladies caractéristiques du vieillissement comme l'ostéoporose, ainsi qu'à un risque accru de maladies coronaires et d'infarctus. Le vieillissement accéléré induit par des mutations du gène Klotho touche tous les organes et mettrait en jeu un mécanisme hormonal. Ce mécanisme impliquerait une diminution du taux et des effets cellulaires de l'insuline et d'un facteur de croissance, l'IGF-1. Par ailleurs, le gène Klotho induirait de façon indirecte la production d'un enzyme antioxydant, la superoxyde dismutase, augmentant ainsi la résistance des cellules aux radicaux oxydants et protégeant les constituants cellulaires d'un mécanisme de « rouille » accélérée.

Comme tout organe, le cerveau utilise un ensemble de cellules fonctionnant de façon coordonnée pour former des réseaux de neurones qui communiquent les uns avec les autres. Au cours de la vie, les mécanismes de fonctionnement cellulaires perdent leur efficacité et les nombreux systèmes de maintenance et/ou de protection des constituants de nos cellules sont ainsi altérés. De plus, l'accumulation de molécules oxydées, mal réparées, stresse progressivement les cellules, ce qui va les précipiter vers la mort. La biologie et la médecine moderne tentent de ralentir ces phénomènes d'altération moléculaires par un régime équilibré riche en aliments antioxydants. De même, une longévité accrue peut apparaître lorsque l'on favorise les capacités d'adaptation du cerveau à son environnement. Le troisième âge n'échappe pas à la règle : il faut continuer à stimuler son cerveau pour favoriser la neurogenèse et essayer de se prémunir contre l'altération des vaisseaux sanguins par une bonne hygiène de vie. Grâce à ses capacités de compensation, le cerveau s'adapte, ce qui nous indique, de plus en plus, que grand âge n'est pas toujours synonyme de vieillissement accentué du cerveau.

Glossaire

Acide lactique : substance libérée par la dégradation partielle du glucose dans les cellules. En général, les cellules qui consomment beaucoup d'oxygène brûlent complètement l'acide lactique en libérant du gaz carbonique et de l'eau.

Aire cérébrale : petite partie d'un lobe constituée d'un peu de cortex, de substance grise et de substance blanche, qui est dotée d'une fonction spécialisée. Il en existe cinquante-deux dans le cerveau humain.

Amygdale cérébrale : groupe de neurones en forme d'amande du lobe temporal impliqué dans la perception des émotions.

Anandamide : substance naturelle, dérivée d'un acide gras, produite dans le cerveau. Elle agit comme l'un des messagers chimiques de perception du plaisir. Elle renforce notamment la satisfaction liée à la prise de nourriture.

ASPM : abréviation d'un gène, Abnormal Spindle-like Microcephaly-associated, impliqué dans le développement du cerveau.

Axone : prolongement filamenteux principal d'un neurone, généralement de plus de 1 mm, qui conduit le signal électrique émis par un neurone vers les synapses.

BDNF (Brain Derived Neurotrophic Factor) : un facteur de croissance et de stimulation de la survie des neurones produit et libéré dans le cerveau.

Cerveau limbique : ensemble de structures cérébrales impliquées dans la perception, l'élaboration, l'expression et la mémorisation des émotions.

Cervelet : mot issu du latin *cerebellum* : petit cerveau. Situé à l'arrière du cerveau, il contient autant de neurones et est impliqué surtout dans le contrôle des mouvements.

COMT (Catechol-Oxy-Methyl-Transferase) : nom d'un enzyme capable de dégrader la dopamine et la noradrénaline du cerveau.

Connectome : plan complet des connexions neuronales du cerveau. Le projet « connectome humain » lancé par l'Institut national de la santé américain a pour objectif de construire un plan explicatif du réseau des connexions neuronales de cerveaux adultes.

Connexion neuronale : établissement d'une communication entre deux neurones par l'intermédiaire d'une synapse.

Cortex : c'est l'écorce, c'est-à-dire la couche de cellules la plus superficielle du cerveau qui forme des replis ou circonvolutions pour en augmenter la surface.

Cortex préfrontal : partie du cerveau située derrière le front et responsable de fonctions cognitives essentielles comme le raisonnement, la mémoire de travail et la planification de l'action.

Cortisol : hormone libérée par la glande surrénale qui stimule la production de sucre par le foie. Elle possède aussi une capacité de réparation tissulaire des effets du stress dans la plupart des organes.

Crétinisme : maladie caractérisée par un déficit intellectuel et une dégénérescence physique, liée à une insuffisance presque totale de production des hormones thyroïdiennes.

Démence : terme désignant une diminution objective des capacités mentales entraînant une perte d'autonomie. La plus connue est celle observée au cours de la maladie d'Alzheimer.

Dendrite : prolongement filamenteux d'un neurone pouvant recevoir et conduire l'influx nerveux provenant d'autres cellules.

DHA (acide docosahexaénoïque) : acide gras de la série oméga-3 indispensable au bon fonctionnement du cerveau. Les principales sources alimentaires de cet acide gras sont les huiles végétales (noix, lin, soja, germe de blé) et les poissons gras (sardines, maquereau, saumon).

Échelle MMS : test d'évaluation de la mémoire ou Mini Mental Scale, consistant en une série de trente questions où l'on note le nombre de bonnes réponses en points. Tout résultat inférieur ou égal à vingt-quatre points évoque un trouble des capacités de la mémoire.

Empathie : aptitude à identifier et à ressentir avec exactitude l'émotion d'une autre personne et à la comprendre comme si on adoptait son identité.

Épiphyse : petite glande du cerveau appelée aussi glande pinéale, impliquée dans la régulation de l'horloge de notre corps.

GABA (Gamma Amino Butyric Acid) : acide naturel produit dans le cerveau, agissant comme un neurotransmetteur qui ralentit le fonctionnement des synapses excitatrices.

Hippocampe : structure du lobe temporal évoquant la forme de l'animal marin et impliquée dans la mémoire à court terme.

Hormone : substance produite par une glande dite endocrine et libérée dans le sang. Une hormone est capable d'activer ou d'exciter le fonctionnement de différents organes cibles.

Hypothalamus : région du centre du cerveau de la taille d'une cerise, impliquée dans le relais de communication entre le cerveau et diverses glandes endocrines.

IGF-1 (Insulin Growth Factor 1) : hormone ressemblant à l'insuline, produite par le foie et active dans la croissance et la survie des organes.

IRM (imagerie par résonance magnétique) : méthode générale d'examen des structures du cerveau, grâce à l'utilisation d'un champ magnétique puissant, ne nécessitant pas l'utilisation de rayons X.

IRM par DTI : terme désignant l'imagerie par tenseur de diffusion, technique apparentée à l'IRM, qui permet d'obtenir une représentation imagée du trajet des fibres nerveuses reliant les aires cérébrales.

IRMf (IRM fonctionnelle) : méthode d'imagerie qui analyse les différences des propriétés magnétiques du sang riche en oxygène par rapport au sang pauvre en oxygène. Elle détecte donc les changements d'activité du cerveau en temps réel, puisque le cerveau consomme de l'oxygène.

Lobe : région du cerveau délimitée par sa localisation sur la surface de chaque hémisphère et regroupant des neurones exerçant une fonction particulière.

Maladie neurodégénérative : désigne une maladie caractérisée par une perte progressive et irréversible de la fonction du système nerveux avec une détérioration des neurones aboutissant à leur destruction.

Métabolisme : désigne l'ensemble des réactions chimiques se déroulant dans les cellules utilisant les nutriments et leurs produits de transformation indispensables au bon fonctionnement cellulaire.

Neurogenèse : phénomène découvert dans les années 1990, caractérisé par l'aptitude de certaines régions du cerveau, dont l'hippocampe, à produire de nouveaux neurones naissant à partir de la différenciation de cellules souches.

Neuromodulateur : substance libérée par les neurones qui modifie l'effet d'un neurotransmetteur en réduisant généralement son action.

Neurone : cellule correspondant à l'unité de fonctionnement de base du cerveau. Il en existe environ 100 milliards dans l'ensemble du système nerveux.

Neurone miroir : variété de neurone qui s'active lorsqu'un individu exécute une action, observe ou même imagine un autre exécuter la même action.

Neurotransmetteur : molécule se comportant comme un messager d'un neurone à un autre pour assurer une communication chimique.

Neurotrophine : protéine d'action stimulante sur les neurones, c'est-à-dire capable de favoriser la survie des neurones.

Noyau (du cerveau) : terme général utilisé pour décrire une masse de neurones bien délimitée située généralement en profondeur en dessous du cortex. Les plus petits ont la taille d'une tête d'épingle et les plus gros (noyaux gris) la taille d'une noisette environ.

Plasticité : aptitude du cerveau à défaire, modifier et recréer de nouvelles connexions en fonction de l'apprentissage, des stimuli extérieurs et des émotions. Il peut ainsi mieux s'adapter à l'environnement.

Polyphénols : composés organiques naturels produits chez les végétaux contenant plusieurs noyaux phénoliques, se comportant comme des anti-oxydants naturels. Ils sont retrouvés dans les légumes et de nombreux fruits.

QI (quotient intellectuel) : résultat chiffré de l'évaluation d'un test ou d'une batterie de tests psychométriques, calculé par un rapport entre l'âge « mental » du résultat du test sur l'âge réel, multiplié par cent.

Radicaux oxydants : molécules dérivées de l'oxygène aux propriétés chimiques très réactives cédant facilement un atome d'oxygène à une molécule réceptive (lipide, protéine, sucre).

Rat-taupe nu : dénommé aussi rat-taupe glabre, ce petit rongeur d'Afrique de l'est vit dans le sous-sol des régions désertiques et est doué d'une longévité exceptionnelle.

Sérotonine : neurotransmetteur produit dans le cerveau, capable de moduler le fonctionnement de nombreux circuits : émotion, appétit, désir, mémoire.

SOD2 (Super Oxyde Dismutase de type 2) : enzyme cellulaire capable de dégrader l'ion superoxyde. Le déficit de cet enzyme est impliqué dans une augmentation du risque d'apparition de cancers et dans une diminution de la longévité chez des animaux.

Striatum : terme utilisé pour désigner un noyau impliqué dans les connexions entre le tronc cérébral et le cortex.

Substance blanche : zone de matière cérébrale riche en fibres nerveuses, ou axones qui relient les neurones entre eux. Sa blancheur est due à la présence d'une gaine graisseuse qui les isole : la myéline.

Substance grise : zone de matière cérébrale particulièrement dense en cellules, jusqu'à plus de 30 millions par centimètre cube.

Synapse : nom donné à cette zone de contact physique entre deux neurones. En moyenne, un neurone établit 5 000 synapses avec ses voisins.

Synesthésie : phénomène rare d'une capacité de perception de deux ou plusieurs sens en même temps. Le plus fréquent est l'association d'un graphème (lettre ou nombre) et d'une couleur.

Tau : nom d'un gène codant la protéine « tau » pour tubulin-associated unit. Produite dans les neurones, elle stabilise les réseaux de transport constitués de microtubules.

TEP (tomographie par émission de positrons) : méthode d'imagerie permettant d'observer le cerveau en pleine action. On injecte une substance qui contient un atome émettant des positrons (comme le glucose marqué avec un isotope du fluor par exemple). Les positrons, en interagissant avec la matière, produisent alors des photons détectés par la machine. Les neurones activés captent le glucose en plus forte quantité que les neurones inactifs. On peut ainsi observer les aires du cerveau qui s'activent.

Test psychométrique : il s'agit d'une méthode d'évaluation de la personnalité et des capacités mentales d'un individu regroupant plusieurs critères tels : motivation, raisonnement, communication et intelligence émotionnelle.

Variant génétique : désigne une petite modification de la séquence d'un gène qui module le plus souvent sa fonction. Chez l'homme, il existe souvent plusieurs variants d'un gène donné. Chaque variant peut conférer un avantage ou une réduction de la fonction de ce gène.

Ventricule du cerveau : cavité liquidienne d'environ 100 ml située dans chaque hémisphère du cerveau.

Références bibliographiques

Chapitre 1

A. S. Bard, M. G. Bard, *Le Cerveau*, Paris, Marabout, 2009.

M. F. Bear, B. W. Connors, M. A. Paradisio, *Neurosciences. À la découverte du cerveau*, 3e édition, Paris, Pradel, 2006.

A. Damasio, *L'Autre moi-même. Les nouvelles cartes du cerveau, de la conscience et des émotions*, Paris, Odile Jacob, coll. « Sciences », 2010.

I. J. Deary, L. Penke, W. Johnson, « The neuroscience of human intelligence differences », *Nature reviews neuroscience*, novembre 2010, p. 201-211.

W. Enard, « FOXP2 and the role of cortico-basal ganglia circuits in speech and langage evolution », *Current opinion in neurobiology*, 2011, n° 21, p. 415-424.

S. Herculano-Houzel, « The remarkable, yet not extraordinary human brain as a scaled-up human brain and its associated cost. Proceedings of the National Academy of Sciences of the USA », 2012, n° 109, p. 10661-10668.

J. H. Kaas, « Why is brain size so important. Design problems and solutions as neocortex gets bigger or smaller », *Brain and mind*, 2000, n° 1, p. 7-23.

G. Roth and U. Dicke, « Evolution of the brain intelligence in primates », *Progress in brain research*, M. P. Hofman and D. Falk, 2012, vol. 195, chap. XX, p. 413-430.

C. C. Sherwood, A. L. Bauernfeind, S. Bianchi, M. A. Raghandi, P. R. Hof, « Human brain evolution writ large and small », *Progress in brain research*, M. P. Hofman and D. Falk, 2012, vol. 195, chap. XI, p. 237-254.

J.-D.Vincent, *Voyage extraordinaire au centre du cerveau*, Paris, Odile Jacob, coll. « Sciences », 2009.

Chapitre 2

N. Gogtay, J. N. Giedd, L. Lusk *et al.*, « Dynamic mapping of human cortical development during childhood through early adulthood », *Proceedings of the National Academy of Sciences of the USA*, 2004, n° 101 (21), p. 8174-8179.

M. Hines, « Gender development and the human brain », *Annual review of neurosciences*, 2011, n° 34, p. 69-88.

W. Kelsch, S. Sim, C. Lois, « Watching synaptogenesis in the adult brain », *Annual review of neurosciences*, 2010, n° 33, p. 131-149.

A. Toga, P. Thompson, E. Sowell, « Grandir : l'enfant et son développement », *La Recherche*, n° 388, juillet-août 2005, p. 42-56.

D. A. Sturman, B. Moghaddam, « The neurobiology of adolescence. Changes in brain architecture, functional dynamics, and behavioral tendencies », *Neuroscience and biobehavioral reviews*, 2011, n° 35, p. 1704-1712.

C.Vidal, *Nos cerveaux, tous pareils, tous différents. « L'identité : Qui suis-je ? »*, Paris, Le Pommier, 2006.

Chapitre 3

B. B. Biswal, M. Mennes, X. N. Zuo *et al.*, « Toward discovery science of human function », *Proceedings of the National Academy of Sciences of the USA*, 2010, n° 107, p. 4734-4739.

A. Chakravarty, « The creative brain. Revisiting concepts », *Medical hypotheses*, 2010, n° 74, p. 606-612.

R. Colom, S. Karama, R. E. Jung, R. J. Haier, « Human intelligence and brain networks », *Dialogues in clinical neurosciences*, 2012, n° 12, p. 489-501.

I. J. Deary, W. Johnson, L. M. Houlihan, « Genetic foundations of human intelligence », *Human genetics*, 2009, n° 126, p. 215-232.

J. Decety, « The neurodevelopment of empathy in humans », *Developmental neuroscience*, 2010, n° 32 (4), p. 257-267.

« La mémoire », *Les Dossiers de la recherche*, 2012, n° 49, p. 6-34.

E. Luders, K. L. Narr, P. M. Thompson *et al.*, « Gender differences in cortical complexity », *Nature neuroscience*, 2004, n° 7 (8), p. 799-800.

Z. Lynch, *The Neuro revolution. How brain science is changing our world*, St. Martin's Griffin, 2010.
D. L. Schacter, D. R. Addis, D. Hassabis *et al.*, « The future of memory. Remembering, imaging and the brain », *Neuron*, 2012, n° 76 (4), p. 677-694.
T. Singer, « The neuronal basis of ontogeny of empathy and mind reading. Review of literature and implications for future research », *Neuroscience and biobehavioral reviews*, 2006, n° 30, p. 855-863.
R. J. Sternberg, « Intelligence », dialogues in *Clinical neurosciences*, 2012, n° 14 (1), p. 19-27.
E. Tulving, « Multiple memory systems and consciousness », *Human neurobiology*, 1987, n° 6 (2), p. 67-80.
E. Tulving, « Memory beyond the hippocampus », *Current opinion in neurobiology*, 1997, n° 7 (2), p. 209-216.

Chapitre 4

S. J. Colcombe *et al.*, « Aerobic exercise training increases brain volume in aging humans », *Journal of gerontology*, Series A: Biological sciences, 2006, n° 61, p. 1166-1170.
C. W. Cotman, N. C. Berchtold, « Exercise. A behavioral intervention to enhance brain health and plasticity », *Trends in neurosciences*, 2002, n° 25 (6), p. 295-301.
C. W. Cotman, N. C. Berchtold, L. A. Christie, « Exercise builds brain health. Key roles of growth factor cascades and inflammation », *Trends in Neurosciences*, 2007, n° 30 (9), p. 464-472.
P. S. Eriksson, E. Perfilieva, T. Bjork-Eriksson *et al.*, « Neurogenesis in the adult human hippocampus », *Nature medicine*, 1998, n° 4, p. 1313-1317.
M. B. Hennessy, S. Kaiser, N. Sachser, « Social buffering of the stress response. Diversity,mechanisms and functions », *Frontiers in neuroendocrinology*, 2009, n° 30, p. 470-482.
C. H. Hillman, K. I. Erickson, A. F. Kramer, « Be smart, exercise your heart. Exercise effects on brain and cognition », *Nature reviews neuroscience*, 2008, n° 9, p. 58-65.

G. Mazereeuw, K. L. Lanctot, S. A. Chau *et al.*, « Effects of omega-3 fatty acids on cognition performance. A meta-analysis », *Neurobiology of aging*, 2012, n° 33, 1482e17-1482e29.

B. S. McEwen, « Physiology and neurobiology of stress and adaptation. Central role of the brain », *Physiological reviews*, 2007, n° 87, p. 873-904.

B. S. McEwen, P. J. Gianaros, « Central role of the brain in stress and adaptation. Links to socioeconomical status, health and disease », *Annals of the New York Academy of Sciences*, 2010, n° 1186, p. 190-222.

F. Gomez-Pinilla, T. T. J. Nguyen, « Natural mood foods. The actions of polyphenols against psychiatric and cognitive disorders », *Nutrition neuroscience*, 2012, n° 15 (3), p. 127-133.

D. W. Luchtman, C. Song, « Cognitive enhancement by omega-3 fatty acids from childhood to old age. Findings from animal and clinical studies », *Neuropharmacology*, 2013, n° 64, p. 550-565.

T. J. Shors, M. L. Anderson, D. M. Curlik *et al.*, « Use it or lose it. How neurogenesis keeps the brain fit for learning », *Behavioral brain research*, 2012, n° 227, p. 450-458.

J. P. E. Spencer, « The impact of fruit flavonoids on memory and cognition », *British journal of nutrition*, 2010, n° 104, S40-S47.

Chapitre 5

D. Attwell, A. M. Buchan, S. Charpak *et al.*, « Glial and neuronal control of brain blood flow », *Nature*, 2010, n° 468 (7321), p. 232-243.

D. Kiser, B. Steemers, I. Branchi, J. R. Homberg, « The reciprocal interaction between serotonin and social behavior », *Neuroscience and biobehavioral reviews*, 2012, n° 36, p. 786-798.

M. L. Kringelbach, K. C. Berridge, « Towards a functional neuroanatomy of pleasure and happiness », *Trends in cognitive sciences*, 2009, n° 13 (11), p. 479-487.

E. Luders, K. Clark, K. L. Narr, A. W. Toga, « Enhanced brain connectivity in long-term meditation practicionners », *Neuroimage*, 2011, n° 57 (4), p. 1308-1316.

G. Lynch, C. S. Rex, C. M. Gall, « Synaptic plasticity in early aging », *Ageing reseach reviews*, 2006, n° 5, p. 255-280.

N. W. Milgram, C. T. Siwak-Tapp *et al.*, « Neuroprotective effects of cognitive enrichment », *Ageing research reviews*, 2006, n° 5, p. 354-359.

D. S. Reddy, « Neurosteroids: endogenous role in the human brain and therapeutic potentials », *Progress in brain research*, 2010, n° 186 (8), p. 113-137.

A. Sale, N. Berardi, L. Moffei, « Enrich the environment to empower the brain », *Trends in neurosciences*, 2009, n° 32(4), p. 233-239.

A. M. Stranahan, M. P. Mattson, « Metabolic reserve as a determinant of cognitive aging », *Journal of Alzheimer's disease*, 2012, n° 30, S5-S13.

C. C. Streiter, P. L. Gerbarg, R. B. Saper *et al.*, « Effects of yoga on the autonomic nervous system, GABA and allostasis in epilepsy, depression and post-traumatic stress disorder », *Medical hypotheses*, 2012, n° 78, p. 571-579.

Chapitre 6

J. W. Ashford, C. S. Atwood, J. P. Blass, *et al.*, « What is aging? What is its role in Alzheimer's disease? What can we do about it? », *Journal of Alzheimer's disease*, 2005, n° 7, p. 247-253.

G. Barja, « Free radicals and aging », *Trends in neuroscience*, 2004, n° 27 (10), p. 595-600.

D. L. Dickstein, K. Kabaso, A. B. Rocher, *et al.*, « Changes in the structural complexity of the aged brain », *Aging Cell*, 2007, n° 6 (3), p. 275-284.

J. Epelbaum, *Le Vieillissement. Rythmes biologiques et hormonaux*, Paris, TEC et Doc, 2009.

F. Eustache, B. Desgranges, Les Chemins de la mémoire, Paris, Le Pommier, 2010.

T. Hedden, J. D. Gabrielli, « Insights into the ageing mind: a view from cognitive neuroscience », *Nature review neuroscience*, 2004, n° 5, p. 87-95.

A. M. Hedman, N. E. M. van Haren, H. G. Schack, *et al.*, « Human brain changes across the lifespan. A review of 56 longitudinal MRI studies », *Human brain mapping*, 2012, n° 33, p. 1987-2002.

P. R. Hof, J. H. Morrisson, « The aging brain: morphomolecular senescence of cortical circuits », *Trends in neuroscience*, 2004, n° 27 (10), p. 607-613.

A. A. Kondratova, R. V. Kondratov, « The circadian clock and pathology of the ageing brain », *Nature review neuroscience*, 2012, n° 13 (5), p. 325-335.

G. Luba, C. Büla, F. Schenk, *Du vieillissement cérébral à la maladie d'Alzheimer*, 2e édition, Paris, De Boeck, 2012.

S. J. Lupin, A. Fiocco, N. Wan *et al.*, « Stress hormones and human memory function across the lifespan », *Psychoneuroendocrinology*, 2005, n° 30, p. 225-242.

M. P. Mattson, T. Magnus, « Ageing and neuronal vulnerability », *Nature review neuroscience*, 2006, n° 7 (4), p. 278-294.

D. Neill, « Should Alzheimer's disease be equated with human brain aging? A maladaptative interaction between brain evolution and senescence », *Ageing research reviews*, 2012, n° 11, p. 104-122.

L. Nyberg, M. Lövden, K. Riklund, *et al.*, « Memory aging and brain maintenance », *Trends in cognitive sciences*, 2012, n° 16 (5), p. 292-305.

T. Perls, « Centenarians who avoid dementia », *Trends in neuroscience*, 2004, n° 27 (10), p. 633-636.

N. Raz, K. M. Rodrigue, « Differential aging of the brain. Patterns, cognitive correlates and modifiers », *Neuroscience and biobehavioral reviews*, 2006, n° 30, p. 730-748.

E. C. Toescu, « Normal brain aging: models and mechanisms ». *Philosophical Transactions of the Royal Society, Biological sciences*, 2005, n° 360, p. 2347-2354.

K. Ubhi, E. Masliah, « Alzheimer's disease. Recent advances and future perspectives », *Journal of Alzheimer's disease*, 2013, n° 33, S185-S194.

Chapitre 7

Y. H. Edrey, T. J. Park, H. Kang, A. Biney, R. Buffenstein, « Endocrine function and neurobiology of the long-living rodent, the naked mole-rat », *Experimental gerontology*, 2011, n° 46, p. 116-123.

F. Gomez-Pinilla, « Brain foods. The effect of nutrients on brain function », *Nature review neuroscience*, 2008, n° 9 (7), p. 568-578.

C. L. Grady, « Cognitive neuroscience of aging », *Annals of the New York Academy of Sciences*, 2008, n° 1124, p. 127-144.

D. L. Grady, P. K. Thanos, M. M. Corrada, *et al.*, « DRD4 genotype predicts longevity in mouse and human », *Journal of neuroscience*, 2013, n° 33 (1), p. 286-291.

T. B. Kirkwood, « Understanding the odd science of aging », *Cell*, 2005, n° 120, p. 437-447.

T. B. Kirkwood, S. Melov, « On the programmed/non-programmed nature of ageing within the life history », *Current Biology*, 2011, n° 21, R701-R707.

M. P. Mattson, S. L. Chan, W. Duan, « Modification of brain aging and neurodegenerative disorders by genes, diet and behavior », *Physiological reviews*, 2002, n° 82, p. 637-672.

M. P. Mattson, W. Dun, N. Maswood, « How does the brain control lifespan? », *Aging research review*, 2002, n° 1, p. 155-165.

J. Pedro de Magalhaes, A. Sandberg, « Cognitive aging as an extension of brain development. A model linking learning, brain plasticity and neurodegeneration », *Mechanisms in aging and development*, 2005, n° 126, p. 1026-1033.

P. Sebastiani, N. Solovieff, A. T. De Wan, *et al.*, « Genetic signatures of exceptional longevity in humans », *PloS One*, 2012, n° 7 (1), e29848.

E. Sibille, « Molecular aging of the brain, neuroplasticity and vulnerability to depression and other brain-related disorders », *dialogues in Clinical neurosciences*, 2013, n° 15, p. 53-65.

A. Verkhratsky, M. Mattson, E. C. Toescu, « Aging in the mind », *Trends in neurosciences*, 2004, n° 27 (10), p. 577-578.

Cet ouvrage a été composé
par Nord Compo
Villeneuve-d'Ascq (Nord)

Impression réalisée par

BRODARD & TAUPIN

La Flèche (Sarthe), le 17-04-2015
N° d'impression : 3010879
N° d'édition : 7381-3289-X
Dépôt légal : mai 2015
Imprimé en France